全球化视野下的
中国天然橡胶资源供给安全研究

China Natural Rubber Resources Supply Security
Research in View of Globalization

◎江 军 张慧坚 王俊峰 著

U0349033

中国农业科学技术出版社

图书在版编目（CIP）数据

全球化视野下的中国天然橡胶资源供给安全研究 / 江军，张慧坚，
王俊峰著 . — 北京：中国农业科学技术出版社，2020.7
ISBN 978-7-5116-4802-0

Ⅰ . ①全… Ⅱ . ①江… ②张… ③王… Ⅲ . ①天然橡
胶—橡胶工业—研究—中国 Ⅳ . ① F426.7

中国版本图书馆 CIP 数据核字（2020）第 104756 号

责任编辑　姚　欢
责任校对　贾海霞

出　版　者　中国农业科学技术出版社
　　　　　　北京市中关村南大街 12 号　邮编：100081
电　　　话　（010）82106636（编辑室）（010）82109704（发行部）
　　　　　　（010）82109702（读者服务部）
传　　　真　（010）82106631
网　　　址　http://www.castp.cn
经　销　者　各地新华书店
印　刷　者　北京建宏印刷有限公司
开　　　本　710 毫米 × 1 000 毫米 1 /16
印　　　张　9.5
字　　　数　170 千字
版　　　次　2020 年 7 月第 1 版　2020 年 7 月第 1 次印刷
定　　　价　80.00 元

项目资助

本书是 2017 年海南省自然科学基金项目——天然橡胶价格机制及其资源配置研究（项目编号：717156）、2018 年国家（省）重点科技项目三亚市配套基金项目——天然橡胶价格机制及其资源配置研究（项目编号：2017PT32）、国家科技支撑计划项目——热带农业信息服务链关键技术研究与应用子课题：热带农业特色产业生产智能管理系统研究应用（2009BADA1B02）的阶段性成果，由中国热带农业科学院科技信息研究所和海南热带海洋学院联合资助。

　　天然橡胶与钢铁、石油一样，是重要的工业原料和战略物资。中国天然橡胶消费量自 2000 年超过日本、2001 年超过美国后，中国成为世界上最大的天然橡胶消费国。中国作为世界上消费量增长速度最快的国家，进一步加剧了对进口天然橡胶的依赖，使得天然橡胶自给率逐年下降，直接影响到中国天然橡胶供给安全。中国天然橡胶供给安全问题必须在全球视野下来考虑，必须种好橡胶树，尽量多生产天然橡胶，努力缩小产量和消费量之间的差距，将中国天然橡胶进口量控制在合理的限度。

　　本书从世界和亚洲的天然橡胶生产、消费、贸易和库存现状入手，进一步探讨了中国天然橡胶供给安全现状，进而对影响中国天然橡胶供给安全的因素进行了深入细致的研究和分析，接着运用 Vague 适应性优选法，对中国三大天然橡胶生产优势区的品种优选进行研究，并在此基础上提出中国天然橡胶的供给安全对策和政策建议。

　　本书内容分为七大部分。一是天然橡胶的概况以及本书的研究背景与意义。二是世界天然橡胶的生产现状。三是世界天然橡胶的消费、贸易和库存现状，包括世界主要产胶国的生产现状，世界天然橡胶消费、贸易和库存状况，世界天然橡胶生产及消费发展势头良好，但是相对而言，消费增长的速度略高于产出的速度，造成世界范围内的天然橡胶供需呈现紧张态势。四是中国天然橡胶生产、消费、贸易和自给现状。五是中国天然橡胶供给安全研究，总结得出自然、科技创新等是直接影响天然橡胶产量和质量的因素，价格波动、产业政策等是刺激天然橡胶生产的因素，粮食安全、争地热区经济作物等是制约天然橡胶生产的因素。六是应用 Vague 适应性优选法对天然橡胶的品种进行筛选，结果显示国产的优良品种资源在不同天然橡胶生产优势区表现不凡，适于在中国植胶区大规模推广种植。七是提出中国天然橡胶供给安全对策及政策建议。

目前，全世界范围内的天然橡胶库存快速减少，供需呈现紧张态势。虽然面对各种制约，但中国必须走以自给为主，以进口为补充的道路。

本书的作者在编写过程中，参考和充分吸收了国内外已有的科学研究成果，并在内容和结构上进行了一些探索和创新，得到了天然橡胶产业经济研究知名专家的指导和帮助，在此表示感谢！

除所列参考文献外，还有其他参考文献未一一列出，谨向有关作者表示歉意。虽然倾注了作者的大量精力，但由于研究的视野、能力和写作水平的限制，难免存在一些遗漏和欠缺，恳请读者批评指正，以便在下一次修订时补充、丰富和完善。

借此书付梓之际，谨向支持此书出版的中国热带农业科学院科技信息研究所、海南省科学技术厅、三亚市科技工业信息化局致以衷心感谢！

著者

2020 年 6 月

目 录

引 言

1.1 天然橡胶概况

巴西橡胶树也称三叶橡胶，具有产量高、品质好、经济寿命长、易栽培和采胶、成本低等优点，是世界上种植面积最大的产胶植物，原产于南美亚马孙河流域，世界上有 30 多个国家的热带地区引种栽培，而以东南亚各国栽培最广、产胶最多。橡胶树喜高温、高湿、静风和肥沃土壤，要求年平均温度 26 ~ 27℃，在 20 ~ 30℃均能正常生长和产胶，不耐寒，在温度 5℃以下即受冻害；要求年平均降水量 1 150 ~ 2 500 毫米，但不宜在低湿的地方栽植；适于土层深厚、肥沃而湿润、排水良好的酸性沙壤土生长；浅根性，枝条较脆弱，对风的适应能力较差，易受风寒并降低产胶量[①]。

目前，大多数的天然橡胶都是从巴西橡胶树皮上倾斜切口后来取得橡胶树皮流出的白色乳液（即胶乳），经过稀释后加酸凝固、洗涤，然后压片、干燥、打包而成的高弹性固体。天然橡胶用途非常广泛，被应用于工业、农业、国防、交通、运输、机械制造、医药卫生领域和日常生活等方面，其中轮胎的用量要占天然橡胶使用量的一半以上。

天然橡胶种子含油率为 22% ~ 25%，为半干性油，是油漆和肥皂的原

---

① 橡胶树 —— 百度百科 . http://baike.baidu.com/view/40340.htm.

料。果实的木质果壳坚硬，可作为制优质活性炭及醋酸等的化工原料[1]。

1.2 研究背景

20 世纪天然橡胶消费主要集中在北美洲和欧洲，但 21 世纪以来，亚太地区天然橡胶消费量急剧增长，20 世纪 40—60 年代，亚太地区年人均天然橡胶消费量仅为 0.4 千克，但 21 世纪初已达到 2.7 千克，到 2020 年亚太地区的年人均消费量将达到 12 千克，与 2006 年的北美消费水平相当[2]。世界天然橡胶产业的发展将不再受北美、欧盟等发达国家、组织经济形势的左右，随着世界经济发展的重心转移以及经济全球化和区域经济一体化的形成，天然橡胶产业的供需关系格局将会发生重大的变化，天然橡胶产业可能会有更强的发展势头。

天然橡胶种植受地理因素制约，天然橡胶的主要生产地都在赤道附近，但天然橡胶的主要消费国大都不生产天然橡胶，天然橡胶生产国和消费国不一致，因此天然橡胶国际贸易频繁。

20 世纪 90 年代，中国天然橡胶需求稳定增长，进入 21 世纪以来，中国努力扩大内需，特别是汽车制造和公路运输的快速增长，一方面促进了国内天然橡胶消费量的大幅增加，另一方面全球跨国公司轮胎制造业快速向中国转移。目前中国境内已有外资轮胎企业 40 余家，进一步带动天然橡胶消费量的急剧增加，加剧了中国对进口天然橡胶的依赖。

由于天然橡胶产业是典型的资源约束型产业，中国适宜植胶的土地面积非常有限，仅 97 万公顷，目前已经利用了 70%，剩下的绝大部分又被其他热带作物所占用[3]。

由于消费量大幅度增加，产量远远不能满足需求，因此缺口在不断扩大，进口量持续增长。中国天然橡胶需求进一步加大，使得天然橡胶自给率逐年下降。天然橡胶供给安全是直接影响国家经济安全的重要组成部分。

---

[1] 橡胶树——百度百科 . http://baike.baidu.com/view/40340.htm.

[2] 王忠田 . 马来西亚院士谈世界天然橡胶业［J］. 中国橡胶，2006，22（18）：26–28.

[3] ANRPC 统计数据 .

1.3　研究目的和意义

天然橡胶作为具有优良性能的弹性体，是汽车、飞机等制造业的重要原料，无论是在和平发展时期还是在战争时期，都与钢铁、石油一样，是重要的工业原料和战略物资，且与人民的日常生活、国防建设息息相关，在国民经济中占有至关重要的地位。由于天然橡胶独具优越的通用性能，仍然不可能被合成橡胶完全取代，并且还会随着石油资源枯竭的临近，其重要地位和不可替代的发展潜力将日益凸显。

天然橡胶供给安全是指一个国家或地区可获得的天然橡胶资源，在数量和质量上可以及时、足量地满足其天然橡胶需求，以及抵御可能出现的各种不测事件的能力和状态。天然橡胶供给安全属于国家经济安全范畴，其决定性因素包括：天然橡胶生产能力和水平、国家消费能力和水平、国家经济发展水平、外贸状况等都有着密不可分的联系。就个案而言，天然橡胶安全可以分为三个方面：一是天然橡胶生产安全，即天然橡胶供给量的安全；二是天然橡胶流通安全，包括价格、运输等方面的安全；三是天然橡胶消费安全，体现天然橡胶满足经济发展需要的一种能力。中国作为天然橡胶的世界第一大净进口国，自然更加侧重于天然橡胶生产安全，也就是天然橡胶供给量的安全，包括天然橡胶生产自给能力、进口能力和储备能力等。

预计今后 10 ～ 15 年，中国国内天然橡胶需求量每年将以 3% ～ 5% 的速度增长，届时中国天然橡胶消费量将达到 600 万～ 700 万吨，占世界总消费量的 1/3 ～ 1/2，这将造成中国天然橡胶高度依赖进口[①]。中国作为世界上消费量增长速度最快的国家，进一步加剧了我国对进口天然橡胶的依赖，使得中国天然橡胶自给率逐年下降。天然橡胶自给率是自身生产的天然橡胶占天然橡胶总需求的比率，在某一层面可以反映天然橡胶安全程度。中国天然橡胶消费量在 2000 年超过了日本，从 2001 年起超过了美国（当年中国消费量达 121.5 万吨，美国为 97.2 万吨），成为世界上最大的天然橡胶消费国，按照目前的增长

---

① 柯佑鹏，谭基虎，过建春，等 . 我国 NR 安全问题的探讨 [J]. 橡胶工业，2006，53（12）：764-767.

速度，在未来相当长的一段时间，中国还将保持世界第一天然橡胶消费与进口大国的地位。

根据国际上公认的界限，一个国家天然橡胶产业最基本的安全保障线是自给率的30%。目前，中国天然橡胶自给率持续低于基本安全保障线，这一现状直接影响到国内天然橡胶产业的安全。1998年自给率为53.6%，2001年下降至34.9%，2005年下降到20.9%，2018年下降到15%，相当于近85%的天然橡胶依赖进口。

从国家安全角度来看，橡胶树是一种多年生经济作物，非生产期长，如果中国自己不能生产相当数量的天然橡胶，过分依赖进口，一旦世界格局发生变化，将会受制于人，到时再来应付，将是临渴掘井，为时已晚。与此同时，世界各国对天然橡胶的需求也在不断增长，天然橡胶生产国和消费国都在加紧对世界天然橡胶资源实际控制权的争夺，并试图凭借资源控制世界天然橡胶市场。特别是几个主要生产国组成天然橡胶联盟，加紧对出口量和价格的控制。并且，影响未来国际天然橡胶市场的因素是复杂多变的。天然橡胶供给安全日趋严峻，但受自然资源条件的限制，增加供给的潜力也相对有限。

因此，中国作为天然橡胶的世界第一大净进口国，天然橡胶供给安全问题必须在全球视野下来考虑，必须种好橡胶树，尽量多生产天然橡胶，努力缩小产量和消费量之间的差距，将中国天然橡胶进口量控制在合理的限度。研究中国天然橡胶供给安全问题，对天然橡胶供给安全状况进行科学评价，使天然橡胶供给安全得以实现，不仅任务艰巨，而且具有十分重大的现实意义。

1.4 研究方法

天然橡胶供给安全研究既是一个复杂的理论问题，又是一个具有很强实践性的问题，因此理论分析和实证分析相结合是本研究的基本方法，还运用了定性分析和定量分析相结合的方法。

（1）理论研究与实证研究相结合的方法

包含描述性分析、对比分析与经验研究3个部分有机组成。确定影响中国天然橡胶供给安全的因素和中国天然橡胶供给安全的保障，并运用相关的计量模型分析各天然橡胶品种经济适应性。

（2）定性分析和定量分析相结合的方法

定性与定量相结合才能较准确地测度和评价天然橡胶供给的现状及其动态变化，在产业经济理论指导下，对天然橡胶的生产、消费贸易和库存状况进行定性的分析。构建影响天然橡胶供给安全的 Vague 适应性优选法模型，并进行应用分析，得到不同种植区域的天然橡胶品种优选方案，并在此基础上提出提升中国天然橡胶供给安全的对策与建议。

1.5 研究思路

本研究首先从全球天然橡胶的生产、消费、贸易和库存现状入手，进一步讨论中国天然橡胶供给安全的现状，也包括生产、消费和贸易等部分，发现中国天然橡胶自给率低于基本安全保障线，严重危及中国天然橡胶产业安全的结论，进而查找影响中国天然橡胶供给安全的因素，最后指出在宜胶地有限的情况下，中国天然橡胶供给安全的保障很大程度上需要不断提升天然橡胶领域科技创新水平，开发和挖掘资源潜力，提高单位面积产量，增加天然橡胶自给量。

目前，主要的科技创新方式包括抗性高产品种选育、割胶制度改革、产品加工、病虫害综合防治、胶园更新、木材利用和生物技术等方面，其中依靠抗性高产品种选育方面的科技创新，进行品种改良尤为重要。之后应用 Vague 适应性优选法，对现有天然橡胶品种和各国的主打天然橡胶品种的各个参数进行数学分析，综合评价，经筛选找出适合于中国的品种，得出天然橡胶品种的优选决策。最终提出相应的全球化背景下的中国天然橡胶供给安全对策和政策建议，为政府提供决策参考。

1.6 研究内容

（1）引言

简单介绍了天然橡胶概况，包括橡胶树、天然橡胶和天然橡胶的用途，进而介绍了研究背景和研究意义，回顾和总结国内外的研究成果，提出本文的研究思路、研究内容、研究方法和研究思路，最后指出本研究的重点、难点、创新点以及需进一步研究的问题。

（2）世界天然橡胶生产现状

从天然橡胶产量、收获面积和单产 3 个方面，探讨了世界和亚洲的天然橡胶生产现状，进而对亚洲的主要产胶国，包括泰国、印度尼西亚、马来西亚、印度和越南，从生产概况、科学研究和发展趋势方面进行分析，并且对亚洲其他、南美洲和非洲产胶国的生产情况简要介绍，希冀为中国在天然橡胶生产方面提供借鉴。

（3）世界天然橡胶消费、贸易和库存现状

探讨了世界天然橡胶消费、贸易和库存状况。

（4）中国天然橡胶生产、消费、贸易和自给现状

探讨了中国天然橡胶供给安全现状，分为生产、消费、贸易和自给现状等四部分，其中贸易现状方面包括进口量、加入世界贸易组织后中国天然橡胶进口的承诺和与主要天然橡胶出口国的贸易现状三部分。

（5）中国天然橡胶供给安全研究

首先探讨了天然橡胶供给安全的含义，进而探析了中国天然橡胶供给安全直接制约因素，并且在对中国天然橡胶供给安全存在问题的基础上，指出中国天然橡胶供给安全的战略选择及其必要性和可行性，之后分析了影响中国天然橡胶供给安全的因素，包括世界天然橡胶价格波动、天然橡胶生产的自然因素、科技创新、中国产业政策因素、其他产胶国的产业政策、世界的粮食安全和其他天然橡胶争地的热区经济作物等，最后指出本研究对于中国天然橡胶供给安全研究创新之处。

（6）品种资源优选下的中国天然橡胶供给安全研究

在探讨亚洲各主要天然橡胶生产国的品种选育状况的基础上，应用 Vague 适应性优选法对天然橡胶的品种进行筛选，针对不同天然橡胶生产优势区基本状况，包括海南、云南和广东优势区，对不同优选期望，建立相应的权重体系，找出各不同优势区的天然橡胶品种优选决策，并借热研 7-33-97 的案例对结论进行佐证。

（7）全球化背景下的中国天然橡胶供给安全对策研究

提出了中国天然橡胶供给安全对策及安全政策建议。

最后，总结本文的研究，归纳主要的研究结论。

1.7 研究的重点、难点、创新点

1.7.1 研究的重点

第一，关于影响中国天然橡胶供给安全的因素，类似的系统研究和阐述不多，本研究力求在此方面予以总结。

第二，精选目前在亚洲产胶国广泛种植的 10 个国外天然橡胶品种和 5 个国内天然橡胶品种，通过 Vague 适应性优选，得出海南、云南和广东三大天然橡胶生产优势区适宜种植的品种，为下一步加强选育种研究和良种推广工作提供方向。

第三，针对中国天然橡胶产业存在的问题，提出中国天然橡胶供给安全的对策和政策建议。

1.7.2 研究的难点

第一，世界天然橡胶消费和库存的数据以及中国的生产和贸易的数据非常难以取得，通过多种办法，将相关的数据收集到位实属不易。

第二，由于天然橡胶是外来种，国外选育的天然橡胶的品种的相关参数在国内难以查到，通过多方努力，终于将相关的参数收集到位。

第三，目前，将 Vague 适应性优选法应用于农业的案例甚少，因此在方法和理想指标的选择上比较困难。

1.7.3 研究的创新点

第一，首次将目前国内外选育的天然橡胶品种资源进行收集整理，找出其相关参数，为定量分析打下基础。

第二，首次运用 Vague 适应性优选法，为海南、云南和广东三大天然橡胶生产优势区筛选天然橡胶品种，同时指出中国国产的优良品种资源表现不凡，适于在中国植胶区大规模推广种植，并且应将良种推广放在科技创新的首要位置。

1.8 需进一步研究的问题

中国作为世界农作物起源和遗传多样性中心之一，也是种质资源大国，目前对于作物种质资源保护利用的法律法规制定严重滞后，尚未有独立的作物种质资源保护、利用与共享的法律，更没有农业野生植物保护法律，加上中国尚未加入《粮食和农业植物遗传资源国际条约》，使得中国的农业种质资源保护形势极为严峻。虽然近年来农业知识产权保护取得了一些成效，但仍然存在知识产权侵权容易，维权存在取证难、周期长、成本高等问题。

植物新品种权是知识产权的重要组成部分，欧美等种业强国签署的是国际植物新品种保护联盟（UPOV）的《国际植物新品种保护公约（1991年文本）》。在 UPOV 品种权保护制度下，种子企业和育种者可以将目标锁定于国内和国际两大市场，刺激了创新，加速了全球种子商业化。目前该公约共有1961年、1972年、1978年和1991年4个文本。1998年8月29日第九届全国人民代表大会常务委员第四次会议决定，加入 UPOV《国际植物新品种保护公约（1978年文本）》，因此在处理与其他所有 UPOV 成员之间的关系时，适用1978年文本。对于仅加入1961年/1972年文本的国家，在处理与我国的关系时适用1961年/1972年文本；曾加入1978年文本的国家，在处理与我国的关系时适用1978年文本；仅加入1991年文本的国家，在处理与我国的关系时适用1991年文本。

UPOV 公约1978年文本与1991年文本的区别在保护方式、受保护的属和种数量、受保护的权利及保护的范围、保护的期限方面。相比之下，1991年文本比1978年文本更严格地保护育种者的权利。如1978年文本允许农民保留种子再次播种，自繁自种和自由交换（虽没有明确写明），1991年文本却严格地限制农民这种特权，将育种者的权利延伸至收获的材料；1991年文本还将育种者的权利扩大到禁止侵权品种进口。在强调保护育种者权利的同时，UPOV公约对育种者的权利也有所限制，如出于公共利益考虑或者为了推广新品种，可以不经过育种者同意而使用、繁殖其新品种。

1997年3月20日，国务院通过了《中华人民共和国植物新品种保护条例》；2015年11月4日，第十二届全国人民代表大会常务委员会修订通过的

《中华人民共和国种子法》新增了新品种保护。2016 年 12 月《国务院关于印发"十三五"国家知识产权和运用规划的通知》中提出：至 2020 年，我国植物新品种申请总量达到 2.5 万件。

因此，研究国内植物种质资源保护的法律法规，并在实践中积极探索有利于中国农民的保护方法，有利于中国在国际谈判中争取主动，有利于保护中国在植物遗传资源方面的利益，也有利于通过收集、捐助和合作研究等形式，从国外引进了大量的植物种质资源。

需要进一步研究的问题包括如何研究并制定一系列的作物种质资源保护利用的法律法规，以及植物种质资源的考查、引进、收集、保存、评价、分发、创新、利用、交流、贸易和保护等方面。

1.9　综　述

1.9.1　国内外文献综述

1.9.1.1　天然橡胶供给安全

到目前为止，国外学者鲜有对于天然橡胶供给安全的研究。但国内学者研究较多，有针对中国天然橡胶预警预报系统建立的研究，有针对中国天然橡胶市场供求弹性方面的研究，有从天然橡胶产业安全角度看中国与东盟的合作的研究，也有针对中国天然橡胶安全指标的探讨。

司海英等（2011）指出，随着中国天然橡胶供给对外依存度的日益加深，如何解决天然橡胶的安全供给问题，已直接关系到国家战略资源的供给安全，并且刻不容缓。因此提出加快建设中国生产型天然橡胶储备基地的建议。

孙荣君等（2010）指出，对中国天然橡胶种植业进行绿色补贴，不仅有利于加强橡胶林对环境的正面影响减少负面影响，有利于天然橡胶种植业增效和胶农增收，有利于我国天然橡胶种植业的可持续发展，而且操作较为简便，效果较为明显。

靳蕴珍等（2010）指出，作为天然橡胶的进口大国，争取国际定价权对中国意义重大。当全球天然橡胶产业面临深度调整和整顿时，中国应抓住金融危机给中国争取定价权所创造的机遇，提升中国在全球天然橡胶产业的话语权，达到充分保障中国经济利益的目的。

徐成德（2009）提出维护中国天然橡胶产业安全的对策，包括提高天然橡胶国内产量和自给率，建立境外天然橡胶加工基地和增加天然橡胶的战略储备量。

朱秀岩（2009）建议结合中国天然橡胶产业的发展形势和植胶区的特点，采取建立共商机制应对天然橡胶市场的剧烈变化，加快建立天然橡胶产业综合性、公益性的科技、生产和市场信息网络，建立天然橡胶技术服务网络，积极发展胶农组织，提高胶农的生产技术水平，加快国际合作步伐，加大企业"走出去"发展天然橡胶的工作力度，全面实施天然橡胶优势区域橡胶树良种补贴政策，建立天然橡胶储备机制等应对措施。

曹旭平等（2009）采用多个指标，构建了中国天然橡胶安全预警系统，对中国天然橡胶安全进行综合评价及预警，实证测定了1998—2007年中国天然橡胶安全程度，得出中国天然橡胶安全系数呈下降趋势，警情主要为中等风险但易向高度风险转化的结论。针对这些问题，提出中国天然橡胶高级生产要素培育、海外投资、期货市场完善、有效预警和战略储备等战略措施。

黄先明（2006）从天然橡胶产业安全角度来分析中国与东盟的关系变得非常重要，调研了东盟区域内的天然橡胶产业合作，主要从生产与加工、战略方式两方面入手。

谭基虎等（2006）指出，应尽快建立我国的天然橡胶产业保护机制，才能确保我国天然橡胶安全得到有效的保障，应将天然橡胶产业作为一项重要的战略产业来发展，努力开发宜胶地资源，适当扩大橡胶种植面积，完善国家天然橡胶贮备调节机制，进一步完善植胶企业的经营管理体制改革。

张玉梅等（2006）指出，天然橡胶需求价格弹性很小，天然橡胶需求对其自身价格反应不敏感，价格变化不会引起天然橡胶消费需求的大幅调整；相对而言，需求收入弹性普遍较大，天然橡胶的消费需求主要受国民经济增长的影响。天然橡胶的供给价格弹性也缺乏弹性。经济增长是影响天然橡胶的主要因素，合成橡胶价格对天然橡胶市场的影响普遍较小，中国关税调整会对天然橡胶市场产生一些影响，降低关税，价格下降，进口增加。

过建春等（2006）从天然橡胶需求和供给方程模拟结果综合分析，天然橡胶需求增长主要依赖国内生产总值（GDP）的增长，供给增长主要依靠科技进步；供给和需求对价格反应都不敏感，相对而言，供给价格弹性略大于需求价格弹性。未来天然橡胶市场消费需求对天然橡胶价格不敏感，中国经济持续增长将拉动天然橡胶的消费需求，在供给调节能力相对有限的情况下，天然橡胶价格将还有一定的上涨空间。

柯佑鹏等（2006）提出了天然橡胶产业损害预警指数，主要包括进口数量影响指数、进口价格影响指数、产地库存影响指数三个警情指标。并结合一般预警预报的习惯做法，将天然橡胶警情指标警级划分为三级：即正常情况的为绿灯区、应引起注意的为黄灯区、造成实质损害的为红灯区。衡量天然橡胶安全，首先是天然橡胶库存安全因数，然后才是天然橡胶自给率、天然橡胶外贸依存因数和天然橡胶消耗增长因数等。

柯佑鹏等（2007）从天然橡胶安全的含义及内容、影响因素、特征、指标体系等进行探讨，并提出应维持不少于30%的天然橡胶自给率、最低天然橡胶年库存量为50万吨左右、天然橡胶外贸依存系数低于70%、天然橡胶消耗增长系数为100%左右等对策来保障中国天然橡胶安全。

许海平等（2007）指出，在国内原有的种质资源基础和现有的抗风、抗寒种质材料相结合的基础上，继续引进国内外天然橡胶优良种质资源，丰富中国天然橡胶种质资源，培育出适合中国植胶区特点的优良品种，在生产上进行全面推广应用，促使中国天然橡胶产业可持续发展。建立天然橡胶安全预警系统，对橡胶经济活动中的不正常状态及时加以调整和控制，逐步建立权威的天然橡胶生产、消费、库存信息发布制度，保证我国天然橡胶产业稳定、快速的发展。从天然橡胶生产、流通和消费角度，建立中国天然橡胶安全指标体系，包括天然橡胶产量波动系数、天然橡胶需求量波动系数、天然橡胶价格波动系数、天然橡胶库存安全系数、天然橡胶自给率、天然橡胶进口依存度系数、天然橡胶产量—消费增长率系数、天然橡胶消费弹性系数等指标。

张赛丽等（2010）分析发现，政府的补贴对中国天然橡胶产量起促进作用，而对东南亚国家天然橡胶产量起抑制作用。当东南亚国家天然橡胶生产厂商选择高价格策略时，中国政府选择补贴国内良种种植、高新技术割胶等生产厂商；当东南亚国家选择低价格策略时，中国政府选择补贴普通民营胶农。

刘阳等（2010）在政策上建议中国天然橡胶在全球获取途径上应继续采取"走出去"战略，开拓非洲的科特迪瓦、几内亚等新兴天然橡胶市场，绕过主要天然橡胶生产国联盟的壁垒，以企业行为增强中国橡胶产业的国际影响力。

1.9.1.2　天然橡胶种质资源

天然橡胶种质资源承载着高度的遗传多样性和基因资源，是橡胶树新品种培育及相关研究的重要基础物质条件，是中国天然橡胶产业和科学研究事业生存与发展的重大战略资源，也是 21 世纪中国天然橡胶产业可持续发展的基本保障之一，只有掌握类型丰富、性状优良的橡胶树种质资源，才能适时地选育和推广适合中国特殊植胶环境的橡胶树新品种，保障中国天然橡胶事业持续稳定的发展。种质基础狭窄已经成为我国橡胶树育种研究可持续发展的主要限制因素，造成杂交种产量水平提高缓慢，品种抗风性和抗寒性普遍有待提高。

许运天（1980）指出，重视国外引种是美国作物品种资源工作的一贯方针，出国考察和对外交换是引种工作的重要途径，植物检疫是国外引种工作的一个重要组成部分。美国在农业科学研究和农业生产中，对品种资源的保存工作十分重视。

曾霞等（2004）指出，我国橡胶树种质资源研究与国外的差距和研究中存在的主要问题，并提出关于提高我国橡胶树种质资源研究水平的建议，包括加大对橡胶树种质资源研究的投入、积极引进国外优异橡胶树种质资源、进行分子标记技术等新技术的研究、建立橡胶树的种质资源信息数据库等。

陈秋波（2006）指出，目前中国天然橡胶科学技术继续创新研究重点包括转基因橡胶树研究、橡胶树胶木兼优品种的培育和推广、橡胶树特异种质资源的收集及现有种质的保存和高效利用等。

熊惠波等（2009）指出，目前我国热作新品种知识产权保护工作相对落后，热作新品种权拥有量极少，新品种培育数量不足、推广缓慢，已严重影响了热作产业的升级换代。目前中国热带作物新品种工作没有得到足够重视，在诸多环节仍存在一些急需解决的问题，如种质资源保护工作滞后、新品种培育能力不强、具有自主知识产权的新品种不多、新品种运用缓慢、国家热作新品种审定机构缺失、支撑体系不健全等。

胡彦师等（2009）在研究我国橡胶树种质资源共享时指出，现阶段我国橡胶树种质资源共享工作现状及存在的主要问题，如缺乏较好的共享物质基础、共享缺乏畅通的信息渠道、缺乏促进资源共享的法律法规和运行机制、共享意识淡薄、不遵守相关共享协议、橡胶树种质资源共享技术标准有待于发展和规

范等六方面的问题，并提出促进我国橡胶树种质资源共享的思路与对策，包括
加强资源收集保存工作、统一技术规范、以信息资源共享带动实物资源共享、
加强协作、大力营造有利于资源共享的社会氛围、加快资源共享政策研究、制
定相关法律规范等。

陈燕萍等（2009）指出，目前在中国西双版纳、老挝北部和缅甸东北部出
现的橡胶种质资源的流动，均由中国无偿提供，不符合国际惯例，属于中国橡
胶种质资源的流失，提请天然橡胶产业部门和政府机构应该给予重视，并对橡
胶种质资源和种植技术采取相应的保护措施，加强具有自主知识产权的高抗
寒、高产橡胶品种保护，是关系我国橡胶产业持续发展的重要课题。

祁栋灵等（2010）提出，在选育种及推广方面推进橡胶产业升级的建议，
包括积极开展种质资源发掘及创新利用、加快早期性状综合预测技术研究、加
强选育种关键技术及其集成应用研究、提高橡胶树新品种的种植比例等。

王富有等（2010）通过研究指出，中国种质资源的非法输出问题很严重，
科研人员缺乏知识产权意识、单位缺乏对知识产权的管理和保护，并提出引进
国外优异种质资源仍是中国农业科研面临的重大任务，加快收集引进种质资
源，不仅是发展热带农业的需要，也是为全国大农业发展储备技术和育种材料
的需要，要从资源上抢占国际农业科技的制高点，还要加强种质资源交流管理
与知识产权保护，这对中国未来农业发展以及在世界农业科技上的地位具有重
要意义。

1.9.2　相关理论综述

1.9.2.1　蛛网理论

"蛛网理论"分别由美国经济学家舒尔茨、意大利经济学家里西和荷兰经
济学家丁伯根提出，并且于1934年由英国经济学家卡尔多命名。"蛛网理论"
最鲜明的特点和内容是将时间因素引入均衡分析中，充分应用弹性理论来对价
格波动对于之后的周期产量的影响进行考察，以及均衡的变动。由于以上变化
过程在坐标图中表现如蛛网形状，因此被命名为"蛛网理论"。在动态均衡分
析中，"蛛网理论"先假定需求弹性为既定，之后根据商品供需弹性之间的关
系，分3种状况对均衡的变动情况进行研究：第一种情况是供给弹性小于需
求弹性，在图形上表现为"收敛形蛛网"；第二种情况是供给弹性大于需求弹

13

性，表现为"发散形蛛网"；第三种情况是供给弹性等于需求弹性，在图形上表现为"封闭形蛛网"①。

农产品生产特别是种植业具有明显的季节性和阶段性。受自然因素的限制，农业生产者做出生产决策的时机基本是相同的，因此他们据以做出规模决策的价格也是同一时期的，大体相同；另外，农业生产周期的长短也是基本一致的。这样，上一期价格的升降能够引起各个生产者下一期供给量的同向变化。而且农业生产受自然因素的影响比较大，即使在某时期达到了相对均衡，这种相对均衡也很可能被自然因素的变化所打破，难以持久。正是从这些意义上讲，"蛛网理论"特别适合用来描述农产品市场的运动过程（孙文博，1988）。

"蛛网理论"揭示了市场经济运行情况下，农产品价格与产量周期性波动的原因，倘若要使农业持续稳定发展，就有必要针对"蛛网理论"的依存条件，采用相反的策略，对产品结构进行优化，使农业管理现代化的步伐加快（李相合，2000）。

对于像小麦、水稻、油料和棉花等这类需求弹性很小的基本农产品来说，因为有国家的价格保护政策，农户一般不会因为其市场价格的剧烈波动而受到太大的影响；但是，对于像西瓜、香蕉、猪肉等这类需求弹性较大的非基本农产品来说，因为缺乏相应的保护措施，其价格的剧烈变动，不可避免地使部分农户遭受重大损失，建议大力提高农户的组织程度，构建政府介入农业市场风险的管理机制，加快农业信息网络建设的步伐（潘洪刚，2008）。

1.9.2.2　模糊（Vague）集理论

自 Zadeh 于 1965 年提出模糊集理论以来，相似度量便成为比较两群体及两元素的重要工具，在模式识别中是识别规则的主要依据。1993 年 Gau 和 Buehrer 提出的 Vague 集是模糊集的一种推广形式，它等同于 Atanassov 提出的直觉模糊集。目前，Vague 集已成功运用于模糊控制、决策分析及专家系统等领域，并取得了较传统模糊集理论更好的效果，该理论也因此引起了国内外众多学者的关注。

---

① 李相合，范淑芳．"蛛网理论"与农业持续稳定增长［J］，内蒙古师大学报（哲学社会科学版），2000，29（6）：20-27．

关 Vague 集之间的相似度量，国内外学者（Chen，1995；Hong 和 Kim，1999；李凡等，2001；张诚一等，2003）已经给出了一系列度量公式（刘华文等，2004）。

利用 Vague 集考虑信息交流后弃权的投票倾向，利用核函数的比值定义了 Vague 集之间和 Vague 元素之间的相似度量，弥补了现有 Vague 集相似度量方法的不足，而且方法计算简单，适用于 Vague 环境的行为分析问题（周珍等，2006）。

就 Vague 集的多指标决策问题，引入了方案集的最优点和最劣点的概念，由此给出了 Vague 集多指标决策问题的优劣点法（要瑞璞等，2009）。

针对立交群方案优化这一实际工程问题，引入 Vague 集多指标决策理论，用于为立交群的方案优化提供理论依据，并为同类工程提供参考（项琴等，2009）。将 Vague 集多准则评价模糊决策理论应用于路堑边坡设计方案的优选问题中，分析影响方案优选的基本因素，给出了工程造价、边坡稳定效果、占地、施工环境、施工难度和弃方量等评价指标，阐述各备选方案的 Vague 集表达方法，为路堑边坡设计方案的选择提供了新的思路（项琴等，2011）。

引入 Vague 集理论对不确定性信息进行处理，将 Vague 集的相似度量分析方法应用到电力变压器故障诊断中，通过比较电力变压器与评估模型的 Vague 集之间的相似度来确定其是否产生故障（王红燕等，2010）。

作为重要的工具和桥梁，Vague 集（值）之间的相似度量在模式识别、模糊控制、决策分析在内的许多领域中得到应用，而且在农业领域中也可以有所作为，该方法可应用于水稻二化螟发生程度的预测中（王鸿绪等，2010）。

经 Vague 相似度量分析，对海南岛最具代表性的 5 个椰子品种进行选优，评价结果与现实相一致，与专家的建议完全吻合（江军等，2011）。

在园林喷灌设计方案评价中，Vague 集之间的相似度量是评价设计方案接近期望方案的度量，相似度量值越大，设计方案接近期望方案越好，通过实例阐明 Vague 集之间的相似度量在喷灌设计方案评价中的可行性，方案评价取得了较为满意的结果（张扬汉等，2011）。

借助 Vague 集对环境影响评价中厂址替代方案之间的相似度量是否接近期望值的测度来评价厂址替代方案的适宜度，从而可以达到环境效益与经济效益的最优化，Vague 集可以成为分析环境影响评价中厂址替代方案选择的辅助决策模型（曾群智等，2011）。

从业主角度出发，建立 EPC 项目总承包商选择评价指标体系，构建基于 Vague 集的选择模型，该模型利用 Vague 集的相似度量原理能有效地对备选承包商进行优劣排序，可选择出进入投标程序的总承包商（王显鹏等，2011）。

将 Vague 集模糊理论应用于节能住宅方案评价的方法，建立住宅方案评估体系，并引入各指标的权重系数（谢飞跃等，2011）。

定义 Vague 值的贴近度，并结合信息集成算子和专家权重，进而提出新的群决策排序方法（孙丽等，2011）。

2

世界天然橡胶生产现状

2.1 世界天然橡胶生产现状

在哥伦布发现美洲大陆以前，中美洲和南美洲的当地居民已对天然橡胶加以利用。1736 年，法国科学家康达敏从秘鲁带回有关橡胶树的详细资料，出版了《南美洲内地旅行记略》，首次报道了有关橡胶树的产地、采集乳胶的方法和橡胶在南美洲当地的利用情况，使欧洲人开始认识天然橡胶，并进一步研究其利用价值。1763 年，法国人麦加发明了能够软化橡胶的溶剂。1839 年，美国人固特异（C. Goodyear）发现在橡胶中加入硫黄和碱式碳酸铅，经加热后制出的橡胶制品遇热或在阳光下暴晒时，才不再像以往那样易于变软和发黏，而且能保持良好的弹性，从而发明了橡胶硫化，至此天然橡胶才真正被确认其特殊的使用价值，成为一种其重要的工业原料。1888 年，英国人邓禄普（J. B. Dunlop）发明了充气轮胎。1895 年后，由于汽车工业的兴起，激起了对橡胶的巨大需求，胶价随之猛涨。1897 年，新加坡植物园主任黄德勒发明橡胶树连续割胶法，使橡胶产量大幅度提高[①]。

从此，野生的橡胶树变成了一种大面积栽培的重要经济作物。

---

① 方佳，张慧坚. 国内外热带作物产业发展分析［M］. 北京：中国农业科学技术出版社，2010：6-7.

2.1.1　世界天然橡胶产量

据国际橡胶研究组织（IRSG）统计，2018 年世界天然橡胶总产量为 1 367.2 万吨，其中亚洲产量达 1 237.18 万吨，占 90.49%；非洲产量达 91.33 万吨，占 6.68%；美洲产量达 38.28 万吨，占 2.80%；大洋洲产量为 4 100 吨，仅占 0.03%。也就是说，亚洲是世界上最重要的天然橡胶产地。

由于联合国粮食及农业组织（FAO，以下简称联合国粮农组织）的统计数据最早只能前溯至 1961 年，因此笔者统计了 1961—2017 年世界天然橡胶的历史产量数据（图 2-1）。如在 1961 年，世界天然橡胶产量为 212.01 万吨，而该年亚洲产量为 193.637 万吨，占世界的 91.34%。到 2017 年世界天然橡胶产量 1 425.28 万吨，比 1961 年增长了 6 倍多，亚洲始终为世界天然橡胶产量增长的主导，一直占全世界天然橡胶产量的 90% 以上。

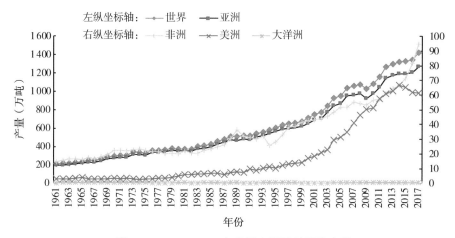

图 2-1　1961—2017 年世界各洲天然橡胶产量

注：来源于联合国粮农组织统计数据库。

而国际橡胶研究组织统计数据显示，2018 年世界的天然橡胶产量为 1 367.2 万吨，2008—2018 年世界天然橡胶产量见表 2-1。

表 2-1　2008—2018 年世界天然橡胶产量　　　　　（单位：万吨）

项　目	2008 年	2009 年	2010 年	2011 年	2012 年	2013 年	2014 年	2015 年	2016 年	2017 年	2018 年
产量	994.2	972.3	1 040.3	1 123.9	1 165.8	1 228.2	1 214.2	1 336.4	1 260.4	1 355.9	1 367.2

注：来源于国际橡胶研究组织统计数据。

　　由于统计口径不同，国际橡胶研究组织和联合国粮农组织提供的天然橡胶产量数据有一定的差异，国际橡胶研究组织的产量数据为平衡调节后的数据，其世界天然橡胶总产量数据会比联合国粮农组织提供的产量数据低。如国际橡胶研究组织提供 2008 年世界天然橡胶的产量为 994.2 万吨，2017 年产量为 1 355.9 万吨，10 年间增长了 37.52%；而联合国粮农组织提供的 2008 年天然橡胶产量为 1 075.08 万吨，2017 年产量为 1 425.28 万吨，10 年间增长了 32.57%。由此，两个权威机构统计的天然橡胶产量的总体增长趋势还是保持一致的。

2.1.2　世界天然橡胶收获面积

　　根据联合国粮农组织统计，目前世界天然橡胶收获面积排序依次是亚洲、非洲、美洲。2017 年世界天然橡胶收获面积为 1 173.93 万公顷[①]。其中亚洲为 1 044.22 万公顷，非洲为 100.54 万公顷，美洲为 27.76 万公顷。就世界天然橡胶的收获面积而言，亚洲是世界上最重要的天然橡胶产地。

　　联合国粮农组织天然橡胶的 1961—2017 年收获面积数据显示了天然橡胶收获面积增长的历史，世界天然橡胶的收获面积由 1961 年的 387.99 万公顷，而该年亚洲收获面积为 356.87 万公顷，占世界的 91.98%。至 2017 年世界天然橡胶的收获面积 1 173.93 万公顷，比 1961 年增长了 3 倍以上。图 2-2 显示了 1961—2017 年世界天然橡胶收获面积的增长情况，亚洲始终占世界天然橡胶收获面积的 90% 左右。

_____

① 1 公顷 =15 亩，1 亩 ≈ 667 米²，全书同。

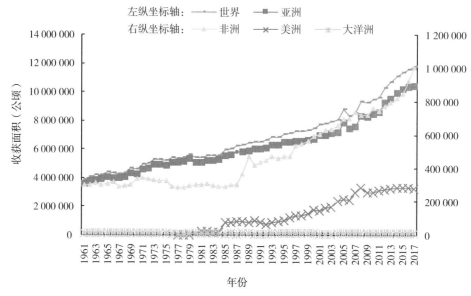

图 2-2　1961—2017 年世界各洲天然橡胶收获面积

注：来源于联合国粮农组织统计数据。

2.1.3　世界天然橡胶单产

根据联合国粮农组织统计，1961—2017 年，世界的天然橡胶的单产基本显示为持续增长，由 1961 年的 546.4 千克/公顷增长至 2008 年的 1 214.1 千克/公顷，增长了 2.22 倍，说明随着科技的革新，天然橡胶的生产水平逐渐提高。同时显示为前期天然橡胶单产趋同，说明当时各洲的生产水平相似；20 世纪 80 年代末 90 年代初开始，分化逐渐加强，显示为美洲国家单产高于世界平均水平，而非洲国家低于世界平均水平，这是由于依托科技革新；而亚洲始终保持着世界天然橡胶平均生产水平，这是由于亚洲的天然橡胶无论是在产量还是收获面积方面，都占世界的 90% 以上，成为世界天然橡胶单产的主导。

图 2-3 显示了 1961—2017 年世界各洲天然橡胶单产的变化。

2.2　亚洲天然橡胶生产现状

1876 年，英国人维克汉姆（H. Wickham）从巴西亚马孙河口采集 7 万粒天然橡胶种子，运回英国皇家植物园播种，育成胶苗 2 397 株，并将其中的

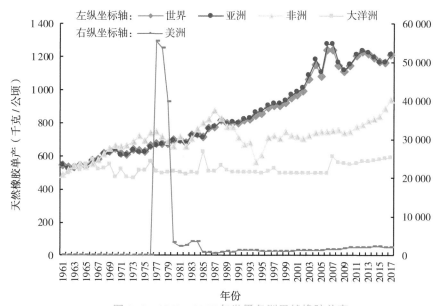

图 2-3　1961—2017 年世界各洲天然橡胶单产

注：来源于联合国粮农组织统计数据。

1 900 株运往锡兰（现斯里兰卡），2 株运往印度尼西亚茂物植物园，50 株运往新加坡（未活），1877 年又运 22 株到新加坡。至此，天然橡胶在斯里兰卡、印度尼西亚、新加坡的试种均取得成功。此即为巴西橡胶树在远东落户的开端。如今，亚洲大部分橡胶种源都来自维克汉姆引种的橡胶树。

2.2.1　亚洲天然橡胶产量

亚洲是世界天然橡胶的主产区，生产国包括泰国、印度尼西亚、越南、中国、马来西亚、菲律宾、缅甸、斯里兰卡、柬埔寨、孟加拉国、文莱、东帝汶、新加坡等。

根据联合国粮农组织统计，亚洲 2017 年的天然橡胶总产量为 1 267.97 万吨，其中最大生产国为泰国，产量为 460 万吨，占亚洲的 36.28%；其次为印度尼西亚，产量为 362.95 万吨，占亚洲的 28.62%；再次为越南，产量为 109.45 吨，占亚洲的 8.63%；接下来分别是印度 96.47 万吨（占亚洲的 7.61%），中国 81.74 万吨（占亚洲的 6.45%），马来西亚 74.01 万吨（占亚洲的 5.84%），菲律宾 40.70 万吨（占亚洲的 3.21%），缅甸 23.67 万吨（占亚洲的 1.87%），斯里兰卡 16.68 万吨（占亚洲的 1.32%），柬埔寨 1.58 万吨（占

亚洲的 0.12%），孟加拉国 6 775 吨，文莱 259 吨；东帝汶与新加坡由于产量
过低而未纳入统计。经统计，亚洲前三位天然橡胶生产国的产量之和占亚洲的
73.53%，前六位天然橡胶生产国的产量之和占亚洲的 93.43%。2017 年非洲和
美洲的天然橡胶产量之和为 156.47 万吨，产量介于亚洲第二的印度尼西亚和亚
洲第三的越南之间，足以证明亚洲的天然橡胶生产在世界上处于主导地位。

图 2-4 显示了 2017 年亚洲各天然橡胶生产国产量分布。

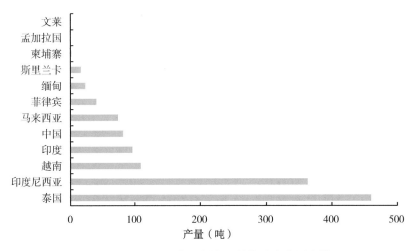

图 2-4　2017 年亚洲各天然橡胶生产国产量

注：来源于联合国粮农组织统计数据。

图 2-5 显示了 1961—2017 年亚洲各天然橡胶生产国产量的变化。

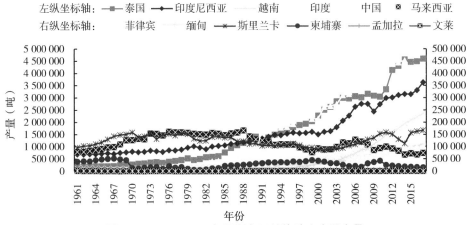

图 2-5　1961—2017 年亚洲各天然橡胶生产国产量

注：来源于联合国粮农组织统计数据。

2.2.2 亚洲天然橡胶收获面积

根据联合国粮农组织统计，亚洲 2017 年的天然橡胶收获面积为 1 044.22 万公顷，其中最大的为印度尼西亚，收获面积为 365.91 万公顷，占亚洲的 35.04%；其次为泰国，收获面积为 314.63 万公顷，占亚洲的 30.13%；再次为马来西亚，收获面积为 108.19 万公顷（占亚洲的 10.56%）；接下来分别是中国 68.39 万公顷（占亚洲的 6.55%），越南 65.32 万公顷（占亚洲的 6.26%），印度 45.70 万公顷（占亚洲的 4.38%），缅甸 30.43 万公顷（占亚洲的 2.91%），菲律宾 22.63 万公顷（占亚洲的 2.17%），斯里兰卡 14.36 万公顷（占亚洲的 1.38%），孟加拉国 6.71 万公顷（占亚洲的 0.64%），柬埔寨 1.54 万公顷（占亚洲的 0.15%），文莱 4 065 公顷。

图 2-6 显示了 2017 年亚洲各天然橡胶生产国收获面积分布。

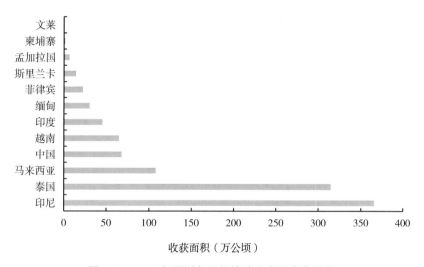

图 2-6   2017 年亚洲各天然橡胶生产国收获面积

注：来源于联合国粮农组织统计数据。

图 2-7 显示了 1961—2017 年亚洲各天然橡胶生产国收获面积的变化。

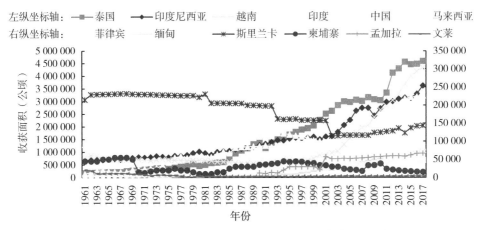

图 2-7　1961—2017 年亚洲各天然橡胶生产国收获面积变化

注：来源于联合国粮农组织统计数据。

2.2.3　亚洲天然橡胶单产

根据联合国粮农组织统计数据，从 20 世纪 90 年代以来，亚洲天然橡胶单产就一直以印度和菲律宾为最高。2017 年，除文莱外，其他亚洲天然橡胶生产国的单产均达到 1 000 千克 / 公顷左右，而此时印度单产水平已达到 2 111.1 千克 / 公顷。1961 年至今，印度的天然橡胶平均单产达到 1 185 千克 / 公顷，为世界单产最高的国家（图 2-8）。

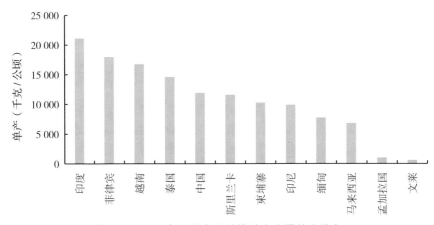

图 2-8　2017 年亚洲各天然橡胶生产国单产排名

注：来源于联合国粮农组织统计数据。

图 2-9 显示了 1961—2017 年亚洲各天然橡胶生产国单产的变化。

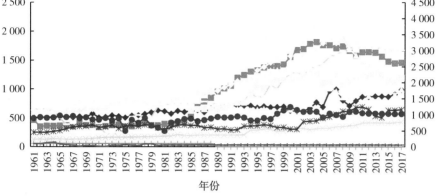

图 2-9　1961—2017 年亚洲各天然橡胶生产国单产

注：来源于联合国粮农组织统计数据。

2.3　亚洲主要天然橡胶生产国的生产现状

亚洲是世界天然橡胶的主产区，生产国包括泰国、印度尼西亚、马来西亚、印度、越南、中国、菲律宾、斯里兰卡、缅甸、柬埔寨、孟加拉国、文莱、东帝汶、新加坡等。

根据联合国粮农组织 2017 年的统计数据，亚洲前三位天然橡胶生产国（泰国、印度尼西亚和越南）的产量之和占亚洲的 73.53%，世界前六位天然橡胶生产国（泰国、印度尼西亚、越南、印度、中国和马来西亚）的产量之和占亚洲的 93.43%。

2.3.1　泰　国

泰国的天然橡胶种植开始于 1899 年，英国人在马来西亚种植天然橡胶的同时也把天然橡胶的种植技术传到泰国。然而在 20 多年时间内，泰国天然橡胶产业发展相当缓慢，直至 20 世纪 20 年代泰国天然橡胶种植才有所发展，30 年代快速发展，第二次世界大战（以下简称"二战"）后，国际天然橡胶成倍增长，从而带动了泰国整个天然橡胶产业的飞速发展[①]。一个多世纪以来，泰

---

① 梁金兰.泰国天然橡胶产业透视［J］.世界热带农业信息，2004（11）：3-5.

国天然橡胶种植经历了老种植计划阶段（1899—1960）、重新种植计划阶段
（1960—1977）、新种植计划阶段（1978—2003）和新种植计划加速发展阶段
（2004 年至今）①。

2.3.1.1 生产概况

泰国天然橡胶生产主要集中在马来半岛，占泰国的 80%，其余分布在曼
谷周围。泰国天然橡胶种植与经营有国营胶园和私营胶园两种模式，其中以
私营胶园种植为主，占全国胶园面积的 90% 以上②。泰国重视老胶园更新和新
胶园扩种，以及种植技术与生产管理，尽管种植面积远远比不上印度尼西亚，
但产量高，原因在于平均单产高，2018 年泰国单产达到 1 406 千克 / 公顷，是
世界上平均单产最高的国家之一③。据天然橡胶生产国联合会（ANRPC）统计，
泰国 2018 年的天然橡胶种植面积达到 361.39 万公顷，产量达到 483.9 万吨。

泰国的天然橡胶产量持续攀升，20 世纪 90 年代以来逐渐取代马来西亚和
印度尼西亚，成为世界上最大的天然橡胶生产国、出口国。21 世纪以来，泰
国通过不断扩大胶园面积、老胶园改造、提高技术等措施增加天然橡胶产量。
目前，天然橡胶是泰国农业的主要产业之一，也是主要创汇项目，有 600 多万
人从事橡胶行业，占全国人口的 10% 左右。

2.3.1.2 科学研究

泰国天然橡胶基础研究、技术开发方面均有较强的实力，从事天然橡胶研
究机构有农业部曼谷橡胶研究所、Suratthani 橡胶研究中心、Chachoengsao 橡
胶研究中心和 Nongkai 橡胶研究中心，主要对橡胶栽培、加工与经济等方面
开展研究；此外，泰国 Songkla 大学和 Kasetsart 大学也开展天然橡胶植物、土
壤、植保等方面研究④。

近年来开展的研究内容包括生产管理、植物生理、经济、生物技术和橡胶
加工方面。

2.3.1.3 发展趋势分析

泰国非常重视天然橡胶产业的发展，制定了许多扶持政策，包括为了提高

① 杨连珍.泰国天然橡胶生产及贸易［J］.世界农业，2007，9（341）：29-32.
② 梁金兰.泰国天然橡胶［J］.中国橡胶，2004，20（22）：27-28.
③ 梁金兰.泰国天然橡胶产销概况［J］.现代橡胶技术，2004，30（6）：7-9.
④ 方佳，杨连珍.世界主要热带作物发展概况［M］.北京：中国农业出版社，2007：15.

橡胶产量而鼓励有关机构向小胶园推广应用橡胶栽培技术；为了扶持胶园更新而成立天然橡胶园更新扶持基金办公室（ORRAF）；为了培育新品种和对老胶园进行更新而提供经费保障；为了提高农民技术而免费提供技术培训；为了天然橡胶种植业而实行免税政策；为了保护胶农利益而对天然橡胶实行指导价收购政策；为了支持胶农合作组织而建立中心橡胶加工厂等[1]。

此外，通过更新老胶园，推广高产优良新品种，普及新割制，不断提高管理水平，加快淘汰落后低产品种，政策扶持以及吸引外商投资等因素，泰国天然橡胶产业必将继续发展壮大[2]，并且为了提高天然橡胶产量，还不断将天然橡胶种植向国外拓展[3]。

2.3.2　印度尼西亚

印度尼西亚的天然橡胶种植起源于 1876 年，1876—1882 年从巴西引进橡胶树种子，1903 年印度尼西亚西部爪哇建立了第一家橡胶种植厂。现很多胶园已由原来的荷兰、英国、比利时等国的胶园主更换为印度尼西亚政府和当地的胶农接管。由于土地广阔，劳动力充沛，天然橡胶种植业发展迅速[4]。

2.3.2.1　生产概况

目前，印度尼西亚产量上是世界第二大天然橡胶生产国，也是该国 800 余万农民的主要生活来源。据天然橡胶生产国联合会（ANRPC）的数据显示，2018 年印度尼西亚天然橡胶产量为 377.4 万吨，种植面积为 367.9 万公顷，其中投产面积为 312.74 万公顷。印度尼西亚胶园面积的 75% 位于苏门答腊，20% 位于加里曼丹，其余分布于爪哇等省。

印度尼西亚橡胶生产力水平不高，2018 年橡胶单产仅为 1 207 千克/公顷，仅为泰国单产的 85%。原因在于生产技术水平较低，管理较为粗放，加上品种相对老化，以及多采用农林混作体系的种植模式。当前国际天然橡胶价

[1] 农业部农垦局赴泰国橡胶考察团.泰国天然橡胶业及国家扶持政策考察报告［J］.云南热作科技，1998，21（4）：53-57.
[2] 刘文，齐欢.大湄公河次区域天然橡胶产业发展现状及趋势分析［J］.东南亚纵横，2004（11）：34-39.
[3] 王忠田.马来西亚院士谈世界天然橡胶业［J］.中国橡胶，2006，22（18）：26-28.
[4] 方佳，杨连珍.世界主要热带作物发展概况［M］.北京：中国农业出版社，2007：22.

格的不断攀升刺激了印度尼西亚天然橡胶产业的发展，使其开始重视老胶园改造和扩建。

印度尼西亚胶园有私营和国营两种经营模式，其中以私营胶园为主，这点与泰国类似，只是印度尼西亚私营胶园的面积所占比例略低于泰国。近年来，国营天然橡胶产业发展缓慢，私营天然橡胶发展较为迅速[①]。

为了加大对天然橡胶产业的支持力度，印度尼西亚政府也制订了一些相应的发展计划来帮助胶农改进生产和提高管理，并提供了部分信贷支持。

未来只要印度尼西亚橡胶种植技术水平有所改进，管理水平有所提升，高产优良品种得以推广，新割制有所应用，单产提高后，印度尼西亚天然橡胶产量或将大幅提高。

2.3.2.2　科学研究

印度尼西亚天然橡胶生产和加工技术研究由印度尼西亚橡胶研究院总体负责，其研究分部位于国内北部、中部、南部、西部，部分高校也参与了相关研究。

近年来的研究分为橡胶生产、生理生化、生物技术、加工和副产品利用等方面[②]。

2.3.2.3　发展趋势分析

20 世纪 60 年代末，印度尼西亚制订了相应的发展计划，天然橡胶产业开始大规模发展包括资金信贷和技术方面给予支持。1977 年至今，印度尼西亚的天然橡胶产业的国际竞争力逐渐提高，未来印度尼西亚天然橡胶产业将会得到更好的发展，原因包括国际和国内两部分。国际原因：在于世界天然橡胶需求量将持续上涨；世界天然橡胶市场的开放度越来越高，同时关税会大幅下降；国际贸易自由化进程加速。国内原因：印度尼西亚经济的复苏，致使国内用胶业发展迅速，天然橡胶制品需求加大；印度尼西亚目前是世界上橡胶种植面积最大的国家，政府和相关部门正加大对天然橡胶产业的关注与投入，其生产力水平的提高和技术的改进将为天然橡胶产量提高提供可能；随着印度尼西亚调整国内经济结构、改善投资环境，外商投资项目增加、外商投资额增大，

---

① 马维德.印度尼西亚天然橡胶概况［J］.中国橡胶，2005，21（4）：32-34.

② 方佳，杨连珍.世界主要热带作物发展概况［M］.北京：中国农业出版社，2007：25.

外资和先进技术的引进将会助力印度尼西亚天然橡胶产业发展。

由此，不论是从国内环境，还是从国际环境而言，印度尼西亚的天然橡胶产业发展都处于战略机遇期，未来可能会面临持续增长[①]。

2.3.3 越 南

越南自 1897 年开始引种橡胶树，1906 年法国人在同奈、小河及西宁等省肥沃的玄武岩红壤地区开始植胶，1913 年法国殖民时期建立了专业的橡胶研究院，指导越南橡胶栽培发展，但因历史原因未得到大发展。在南北统一之前，越南的大胶园一般由外国公司控制；南北统一后，国家接管外国公司的大胶园，并成立橡胶总局，由总局全面负责越南橡胶发展规划[②]。20 世纪 80 年代后期，越南开始改革并积极发展橡胶种植业，90 年代越南中部和沿海地区已扩种了约 17 万公顷的胶园，目前 80% 以上的越南植胶面积是 20 世纪 80 年代以后新植的。自此之后，越南的天然橡胶产业得到快速发展，特别是 21 世纪以来发展势头强劲，无论是橡胶种植规模，还是生产力水平与产量都在不断提高。

2.3.3.1 生产概况

目前，越南已成为世界第三大天然橡胶生产国，橡胶已成为越南最重要的经济作物和创汇作物。据天然橡胶生产国联合会（ANRPC）统计，2018 年天然橡胶产量达 114.2 万吨，种植面积达到 96.12 万公顷。

越南早期的植胶区在南方，其中同奈、小河两省的橡胶种植面积最大，其次是西宁、多乐、广平、广治等省。20 世纪 80 年代以来，越南植胶面积迅速扩展[③]。

越南橡胶生产有国营和私营两种经营模式，但国营胶园面积所占比例较重，2005 年越南的国营胶园面积占总面积的 52%，在越南橡胶种植业中占主导地位。

---

① Ida Yunia Soependi.Indonesian Natural Rubber: An Econometric Analysis of its Export Supply and Foreign Import Demand [D]. East Lansing: Michigan State University，1993.

② 唐正星.天然橡胶园产权制度国际比较 [J].经济体制改革，2009（5）：152-157.

③ 杨连珍.越南天然橡胶业发展概况 [J].世界热带农业信息，2006（7）：1-3.

2.3.3.2 科学研究

越南注意加强农业科研和技术应用推广，促进了天然橡胶产业的提升。国家设立专业的橡胶研究院，下设多个试验推广站，负责试验和技术推广，制定橡胶栽培技术规程；开展胶园营养诊断指导施肥、割制改革、病虫害防治等技术研究和推广。

2.3.3.3 发展趋势分析

越南目前是橡胶主产国中发展天然橡胶种植最快的国家，越南已种植 40 万公顷橡胶，根据国际橡胶研究组织的统计，2008 年新开垦胶园面积达 6.2 万公顷，2010 年会扩展至 70 万公顷，产量也将增加到 60 万吨，并且越南橡胶总公司还在向柬埔寨发展胶园。

生产成本低直接导致了越南天然橡胶产业的长足发展。随着越南橡胶种植规模的扩大、加工水平提高，以及国际市场的拓宽，越南橡胶业的发展前景非常乐观，橡胶业将在越南国民经济中占有越来越重要的地位。越南政府非常重视橡胶业的发展，为推动橡胶产业的发展，进一步加大橡胶业的发展力度，2004 年越南正式成立橡胶协会，主要职能是维护橡胶行业的利益，制订越南橡胶进出口计划，建立与国内外的橡胶商务关系等。另外，越南政府还委托越南橡胶协会为越南橡胶业制订中长远发展规划，鼓励越南橡胶生产者扩大橡胶园的规模，加强私营小胶园建设。

最近几年世界天然橡胶需求强劲，较高的市场价格促使越南政府支持橡胶种植者扩大橡胶种植面积，甚至在越南的非优势产区进行扩种计划，但由于越南缺乏可供开垦的橡胶种植园土地资源，在国内发展规模和潜力还是有限。因此越南积极实施"走出去"的发展战略，与友邻国家老挝和柬埔寨建立天然橡胶产业和科技的合作关系，合作开展天然橡胶生产与研究，实现优势互补、平等互利、共同发展。凭借市场优势，越南加速发展其天然橡胶产业的潜力不可估量。

2.3.4 印度

印度是亚洲最早的植胶国之一，1877 年维克汉姆就分送橡胶树幼苗到锡兰和马来西亚种植，第二年印度就从锡兰（现斯里兰卡）引幼苗到喀拉拉邦南部试种，并于 1902 年种植天然橡胶开始步入商业化，但直至 1930 年才开始生产天然橡胶工业品①。"二战"期间，日本侵占东南亚，随着马来西亚、印度尼西亚和泰国等国相继沦陷，印度和斯里兰卡就成为当时同盟国最主要的天然橡胶供应地②。

2.3.4.1　生产概况

得益于政策的支持，印度植胶业已成为继泰国、印度尼西亚、越南和中国之后的世界第五大天然橡胶生产国。据天然橡胶生产国联合会（ANRPC）统计，2018 年天然橡胶产量为 64.5 万吨，种植面积达 82.5 万公顷。

目前，印度天然橡胶种植模式从大型胶园经营为主转向小胶农种植生产为主。印度的天然橡胶集中种植在印度半岛南端的传统植胶区，分属于喀拉拉邦、泰米尔纳德邦和卡纳塔克邦，其中喀拉拉邦占全国植胶总面积的 88%，泰米尔纳德邦为 5.5%，卡纳塔克邦为 3.2%。为了解决天然橡胶的自给问题，印度政府自 20 世纪 60 年代开始积极在印度东北部的非传统植胶区试种和发展橡胶产业，包括了梅加拉亚邦、阿萨姆邦、特里普拉邦和米佐拉姆邦。

2.3.4.2　科学研究

印度十分重视天然橡胶科研及科技普及推广，1947 年成立了印度橡胶局，1955 年成立了隶属于印度橡胶局的橡胶研究所，其宗旨在于促进印度橡胶行业发展，并有针对性地开展天然橡胶种植、加工、消费等方面的研究。

在橡胶局的引领下，产学研有机融合，取得了可喜的成就，其中印度橡胶研究所主抓研究，橡胶产业处负责开发与推广。

早期印度橡胶研究所以提高单产和总产量为研究对象，将品种选育、栽培管理、病虫害防治、采胶、加工、间种列为研究重点。目前，印度橡胶研究所以提高其产业竞争优势为研究目标，重点开展高产抗逆性基因改良、天然橡胶可持续性生产、低成本优化栽培技术等方面的研究，其系统的育种工作已将印度橡胶单产水平从 20 世纪初的 200～300 千克/公顷提高到 2000/2001 年度约 4 000 千克/公顷（潜力产量）。

过去印度天然橡胶产业是内向型的，产品供应国内需求并有市场保护的环境。随着贸易全球化和低成本生产橡胶、低价格提供产品的新的竞争者进入国

---

① 方佳，杨连珍.世界主要热带作物发展概况［M］.北京：中国农业出版社，2007：29-30.

② 王科.印度天然橡胶的生产和科研概况［J］.云南热作科技，1986（3）：1-8.

内市场，巩固印度天然橡胶在国内市场的地位，并瞄准世界市场的竞争，使印度天然橡胶在全球具有竞争力已成为最重要的研究课题之一。

2.3.4.3 发展趋势分析

印度橡胶委员会制订的规划中指出，2001—2002 年度供求差额为 6 万吨，到 2017—2018 年度则为 57.32 万吨。这个缺口必须通过进口天然橡胶和合成橡胶，或追加其生产来解决。随着经济的自由化以及工业特别是汽车工业的繁荣，印度天然橡胶需求量将大大超过产量。即使存在达到自给的潜力，也不可能成为现实。虽然如此，仍应继续努力缩小产量和消费量之间的差距。由于天然橡胶有益于生态环境，是再生资源，预计世界天然橡胶消费量将增加，供应紧张。因为天然橡胶这种原料，即使允许自由进口，至少在 21 世纪前 30 年不能保证得到充足的供应。世界形势表明，印度必须尽量多生产天然橡胶，以将印度天然橡胶进口量控制在合理的限度。橡胶种植业的发展目标是最大限度地增加天然橡胶产量，尽量减少天然橡胶的进口。但印度的植胶地很多位于传统植胶地喀拉拉邦以北，那里降水量少、土地贫瘠，胶农植胶付出太多。

因此，目前印度政府一直在努力实现天然橡胶自给目标，并在各个五年计划中把天然橡胶生产作为优先发展的重点。印度橡胶委员会正在实施各种短、长期发展规划，以便增加橡胶产量、提高生产率和橡胶质量。

2.3.5 马来西亚

20 世纪初，橡胶栽培技术传到马来西亚，天然橡胶产业在马来西亚得到迅猛发展，并一跃成为世界上最大的天然橡胶生产国，20 世纪 80 年代产量达到顶峰，年产量高达 160 多万吨[1]。但此后，由于马来西亚产业结构调整，马来西亚橡胶业受到一定的影响[2]。目前，马来西亚天然橡胶产量排名已从第三位跌到第七位，而其收获面积仍居第三位。

2.3.5.1 生产概况

2018 年马来西亚天然橡胶种植面积为 108.35 万公顷，主要位于马来半岛，占马来西亚全国的 82%，沙巴和沙捞越两州种植面积仅占总面积的 18%。

---

① 羊荣伟.赴马来西亚、泰国考察橡胶产业的报告［J］.世界热带农业信息，2010（3）：4-6.
② 羊荣伟.赴马来西亚、泰国考察橡胶产业的报告［N］.海南农垦报，2010-02-27.

然而马来西亚多年以来天然橡胶种植规模都在不断减少，原因在于很多马来西亚胶农砍伐胶树种植油棕，理由是油棕的经济效益略高于橡胶，其生产期略短，所耗劳动力低，生产成本低[①]。

据天然橡胶生产国联合会（ANRPC）统计，2018年马来西亚天然橡胶产量为60.33万吨，居世界第七位。马来西亚橡胶种植也是有国营和私营胶园两种经营模式，并且也是以私营小胶园种植为主，只是私营胶园比例均高于泰国和印度尼西亚[②]。

尽管马来西亚植胶面积有减无增，但马来西亚的天然橡胶产量却有所增长，这应归功于马来西亚先进的橡胶种植技术。马来西亚一直以来都重视橡胶生产方面的研究，在橡胶生产技术与新品种选育方面一直处于世界领先水平，近年也推行了气催短线割制、塑料供气瓶提供刺激剂法等新割制[③]。

马来西亚非常重视老胶园的更新，1993—2002年胶园更新总面积达13.46万公顷，之后进一步加快更新进度，2003—2008年平均每年更新胶园面积达4万公顷。2002年以来，由于天然橡胶需求量增加，胶价回升，马来西亚拟重振橡胶业，将天然橡胶作为战略作物来考虑[④]。目前，马来西亚在橡胶生产中，一方面加强新品种的应用与推广，例如2006年马来西亚吉打州引进乳胶和木材均较高的无性系39/35，该品种的产胶量是目前推广品种的3倍，拟进行大规模推广；另一方面加强新技术的推广与应用，马来西亚橡胶委员会希望采用低频乙烯气体刺激的割胶新技术提高天然橡胶产量，使2007年天然橡胶产量达到150万吨。此外，由于马来半岛以外地区天然橡胶种植规模的扩大、小胶园管理力度的加大、胶木兼优橡胶品种的采用、老胶园有组织开展更新等举措，使马来西亚天然橡胶产业发展得以推动。

2.3.5.2 科学研究

在天然橡胶的研究方面，马来西亚始终处于世界的领先地位。1998年，

① 农业部南亚热带作物中心. 马来西亚橡胶产业发展情况. http://www.troagri.com.cn，2005-03-04.

② 杨连珍. 马来西亚天然橡胶研究概况［J］.世界热带农业信息，2006（3）：1-2.

③ Vijayakumar K R.Modifications/Additions for the International Tapping Notation［R］.Siem Reap，Cambodia.IRRDB，2007.

④ 郑晓非，傅国华，郑素芳. 马来西亚天然橡胶小业主的政策及战略［J］.中国热带农业，2009（3）：33-34.

马来西亚重整天然橡胶研究和发展架构，将研究和发展的架构合二为一，实施修订橡胶战略，设立马来西亚橡胶局（MRB），包括了原来的马来西亚橡胶研究和发展局（MRRDB）、马来西亚橡胶交易和特许局（MRELB）、马来西亚橡胶研究院（RRIM），以及设在英国伦敦附近的 Tun Abdul Razak 研究中心（TARRC）[前身是马来西亚橡胶生产者研究协会（MRPRA）]。该局拥有精干的研究人员队伍和精良的设备，在很多有关天然橡胶的领域取得了令人瞩目的成果。

近年来，马来西亚主要开展了橡胶生物化学、生理学、分子生物学等方面的研究，尤其是在转基因橡胶研究方面取得突破性进展[1]。马来西亚历来重视天然橡胶方面科研成果的应用与推广，包括制订马来西亚橡胶计划和推广其他高产高效技术，建立胶农咨询服务中心。现在马来西亚橡胶局提供的服务内容更广，包括样品分析、技术与管理指导、专家咨询、鉴定和诊断服务、提供橡胶种植材料和使用效果的技术评价等[2]。

2.3.5.3　发展趋势分析

20世纪马来西亚曾一度是世界上最大的橡胶种植大国，20世纪70年代，橡胶种植面积曾高达201万公顷，80年代年产量也达166万吨，长期以来位居世界天然橡胶第一生产大国地位。但此后，随着马来西亚经济的增长，天然橡胶生产成本也在不断增加，橡胶种植的土地使用和生产资料的投入成本越来越高，小胶园主的投资热情减弱，很多胶农放弃橡胶种植，转而投资种植周期较短的油棕。另外，其他行业对劳动力的竞争，使得马来西亚橡胶园从业人员大幅减少，造成胶工短缺。再加上20世纪90年代后期国际市场天然橡胶价格曾持续低迷，受国内与国际环境的综合影响，使马来西亚橡胶业发展受到很大影响，导致产量连年下降。近年来，随着国际经济发展格局的变化，国际市场中天然橡胶需求量开始增加，价格大幅回升，马来西亚政府与胶农可能会重新调整天然橡胶产业的发展态度，荒废的橡胶树会重新投入生产，弃种榴梿树、油棕树而恢复种植胶树者很多[3]。据有关方面提供的数据表明，马来西亚可能会重振天然橡胶产业，再度成为世界天然橡胶产业的领航者。

---

① 杨连珍.马来西亚天然橡胶研究概况［J］.世界热带农业信息，2006（3）：1–2.

② 方佳，杨连珍.世界主要热带作物发展概况［M］.北京：中国农业出版社，2007：28.

③ 王忠田.马来西亚院士谈世界天然橡胶业［J］.中国橡胶，2006，22（18）：26–28.

其理由有以下 6 种。

一是马来西亚的天然橡胶研究处于世界领先水平，在橡胶品种选育、栽培管理、割胶制度、产品加工等各个环节均有较强的技术支撑。

二是马来西亚橡胶种植模式有 90% 以上是小胶园管理，目前小胶园缺乏劳力、品系老化、管理水平和技术水平低。如果从政策上加大对小胶园的改造管理与扶持力度，在小胶园中大力推广高产优良品系、应用节省劳力与低成本的新割制，提高马来西亚的天然橡胶产量大有潜力。

三是 1997—2001 年由于受天然橡胶价格和胶工短缺等因素影响，马来西亚有将近 30 万公顷的胶园被废弃，而目前也至少有 10 万公顷的胶园未能得到恢复。废弃胶园恢复生产和老胶园更新也是马来西亚天然橡胶产业发展中不可低估的部分。

四是当前马来西亚已成为世界第五大天然橡胶消费大国，占世界天然橡胶消费量的 5% ~ 6%。橡胶手套、橡胶导管和乳胶线产量与出口量居世界第一位，是世界最大的天然乳胶消费国。国内强大内需也可带动橡胶种植业的发展。

五是中国、美国、韩国、日本、德国等主要消费国的经济增长，对天然橡胶及其制品的需求空间很大，特别是中国经济的发展，使天然橡胶需求逐年增长，马来西亚作为中国天然橡胶的第二大供应国，拥有庞大的世界天然橡胶市场。

六是加入世界贸易组织（WTO）和全球经济自由化，使马来西亚加快了与其他邻国的橡胶合作进程，如马来西亚橡胶发展机构开始在越南、印度尼西亚、印度、泰国等国投资兴建橡胶加工厂，而其他橡胶生产国和消费国也与之进行逆向投资，由此促进和带动马来西亚橡胶业发展。

2.4 其他亚洲天然橡胶生产国的生产现状

缅甸胶树种植发展潜能相当大[①]，近年来呈快速增长态势。

斯里兰卡是世界发展橡胶种植业较早的国家之一，但天然橡胶产业发展的

---

① Hla Myint. The Role of Myanmar Rubber Planters and Producers Association（MRPPA）in Natural Rubber Development and its Recent Activities ［R］. Siem Reap Cambodia.IRRDB，2007.

困境是雨量过多[①]。

柬埔寨目前的植胶面积为 43.73 万公顷,未来 10 年植胶面积仍将会扩大[②]。

亚洲的天然橡胶主产国除马来西亚外,多数都在扩大植胶面积。植胶面积的扩大是产量提高的重要因素之一,但目前提高生产技术水平才是天然橡胶产业健康发展的关键环节。

2.5 南美洲主要产胶国情况

巴西是橡胶的故乡,也是南美洲天然橡胶种植面积最大的国家,植胶面积最大的 3 个州是圣保罗州、巴伊亚州和马托格罗索州,但巴西天然橡胶产业目前难以摆脱病害和环境的困扰[③]。

2.6 非洲主要产胶国情况

科特迪瓦是非洲第三大橡胶种植国,未来 10 年天然橡胶产量或将增加 2 倍[④]。

利比里亚受内战影响,现今的植胶面积保持在 10 万公顷左右,产胶量也维持在 10 万吨左右[⑤]。

2.7 小 结

从 1900 年到现在,世界天然橡胶种植面积的年均增幅为 4%,但不同年

[①] 王忠田. 马来西亚院士谈世界天然橡胶业 [J]. 中国橡胶,2006,22(18):26-28.

[②] Akira SHIGEMATSU, Kumiko IDE, Kakada KHUN et al. Recent Status of Rubberwood Utilization in Cambodia [R]. Siem Reap, Cambodia. IRRDB,2007; Chea Marong, Natural Rubber as a Potential Source for Foreign Export Earning [R]. Phnom Penh: Ministry of Agriculture, Forestry & Fisheries, 2006.

[③] 王忠田. 马来西亚院士谈世界天然橡胶业 [J]. 中国橡胶,2006,22(18):26-28.

[④] 王忠田. 马来西亚院士谈世界天然橡胶业 [J]. 中国橡胶,2006,22(18):26-28.

[⑤] Keith Jubah. Natural Rubber Industry of Liberia [R]. Siem Reap, Cambodia. Rubber Planters Association of Liberia.2007; Too Edwin Freeman. Liberia's Natural Rubber Industry [R]: A Second Look. Atlanta, Georgia: The Perspective, 2011.

份间增长速率有差异。根据国际橡胶研究组织数据分析，1900—1925 年世界橡胶种植面积年平均增长率为 11%，1925—1950 年的年平均增长率为 3%，1950—1975 年年平均增长率为 2%，1975—2000 年的年平均增长率为 1%[①]，2000—2018 年年平均增长率为 2.71%。受到 2010—2012 年橡胶价格创历史新高的鼓舞，农民在 7 年前扩大了橡胶种植面积。该扩建区域的一部分于 2019 年开始进入割胶期。2019 年除印度尼西亚下降 2.2% 以外，其他国家基本保持增长。其中，泰国增长 4.9%，马来西亚增长 7.2%，印度、越南、中国、柬埔寨分别增长 15.7%、3.2%、2.0% 和 26.1%，但是随着继近年天然橡胶价格持续低位震荡，新开割面积增速将放缓。

亚洲是世界天然橡胶的主产区，生产国包括泰国、印度尼西亚、马来西亚、印度、越南、中国、菲律宾、斯里兰卡、缅甸、柬埔寨、孟加拉国、文莱、东帝汶、新加坡等。根据联合国粮农组织 2017 年的统计数据，亚洲前三位天然橡胶生产国（泰国、印度尼西亚和越南）的产量之和占亚洲的 73.53%，世界前六位天然橡胶生产国（泰国、印度尼西亚、越南、印度、中国和马来西亚）的产量之和占亚洲的 93.43%。亚洲的天然橡胶主产国除马来西亚外，多数都在扩大植胶面积。植胶面积的扩大是产量提高的重要因素之一，但目前生产技术水平的提高才是天然橡胶产业健康发展的关键环节。

巴西是橡胶的故乡，也是南美洲天然橡胶种植面积最大的国家，但巴西天然橡胶产业目前难以摆脱病害和环境的困扰。

而非洲，未来 10 年天然橡胶产量可能会大幅提高。

[①] 方佳，张慧坚.国内外热带作物产业发展分析［M］.北京：中国农业科学技术出版社，2010：6-7.

3

世界天然橡胶消费、贸易和库存现状

3.1 世界天然橡胶消费现状

天然橡胶产业的发展与国际市场的需求是密不可分的。世界橡胶人均消费量 30 年来一直保持在 3 千克左右。20 世纪天然橡胶消费主要集中在欧美国家，进入 21 世纪以来，亚太地区的天然橡胶消费量快速增长。2000 年北美人均消费 12 千克；欧盟消费 9.3 千克；包括中欧和东欧在内的其他欧洲国家消费 2.9 千克；拉丁美洲消费 2.8 千克；亚太地区人均消费增长最快，由 20 世纪 40 年代的人均 0.4 千克，到 2000 年已达 2.7 千克，到 2020 年预计亚太地区的年人均消费量将达到 12 千克；而非洲人均消费增长较慢，由 1960 年的 0.5 千克上升到 2000 年的 1.1 千克[①]。

目前所增加的天然橡胶需求主要的来自于中国、印度、东南亚、南美和东欧的汽车工业。中国经济的快速发展是亚太地区天然橡胶需求量增长的重要源泉。印度的经济发展也促进了天然橡胶需求量的增长[②]。据天然橡胶生产国协会（ANRPC）统计数据，2013—2018 年，中国对于天然橡胶的年需求量从 427 万吨增加到 567 万吨，中国和印度共同消费了全世界天然橡胶年产量的

---

① 王忠田 . 马来西亚院士谈世界天然橡胶业［J］.中国橡胶，2006，22（18）：26-28.
② 杨连珍 . 世界天然橡胶业发展现状分析［J］.中国热带农业，2007（4）：30-32.

48% 以上。马来西亚已从仅生产和出口生胶的国家发展成为一个生产各种橡胶制品的工业国。南美洲作为天然橡胶的老家，长期受病害影响使其天然橡胶产量始终处于较低水平，目前巴西经济的快速发展促使其天然橡胶需求量开始增长。土耳其、波兰、荷兰等国对天然橡胶的需求量也在不断增加。

根据国际橡胶研究组织数据统计，随着世界人口增加以及相关行业（特别是汽车工业）的发展，1960 年以来，世界天然橡胶消费基本上以年平均 3.1% 的速度稳定增长，除 2001 年使美国经济下滑和 2008 年的全球性金融危机出现负增长以外，其他时段均呈现为逐年增长趋势。据统计，2018 年，中国对天然橡胶需求增速放缓，增长 14 万吨，上升 2.3%；亚太非中国地区对天然橡胶需求增长迅速，2018 年增长 30 万吨，提高 10%，尤其是印度（2018 年增长 13 万吨，至 122 万吨）、泰国地区（2018 年增长 7 万吨，至 75 万吨），其他地区增长 10 万吨；全球其他地区对天然橡胶需求平稳增长，需求总量达 480 万吨。

由于世界经济增长放缓，对中美贸易战和地缘政治问题的担忧，2019 年全球天然橡胶消费可能会放缓增长，国际橡胶研究组织 2018 年发布的数据预测，2019 年全球橡胶需求估计在 2018 年基础上增长约 2.5%，即从 2 930 万吨增长到约 3 000 万吨，其中，天然橡胶和合成橡胶的需求量分别为 1 420 万吨和 1 580 万吨。2009—2019 年世界天然橡胶消费量变化见图 3-1，可以更直观地了解近年来的世界天然橡胶消费量。

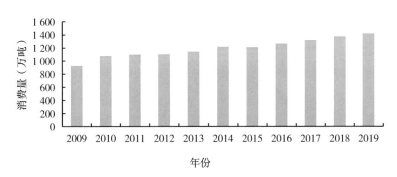

图 3-1　2009—2019 年世界天然橡胶消费量

注：来源于国际橡胶研究组织统计数据。

图 3-2 显示了 2018 年世界各地区天然橡胶消费量分布情况。亚洲是世界最大的天然橡胶消费区，2018 年消费量达 1 055.89 万吨；其次是美洲，2018 年消费量达 168.21 万吨；再次是欧洲，2018 年消费量达 155.72 万吨；最后是非洲，2018 年消费量仅有 7.22 万吨。

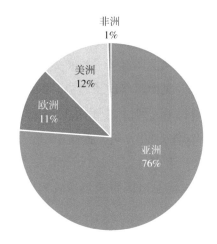

图 3-2   2018 年世界各地区天然橡胶消费量分布

注：来源于国际橡胶研究组织统计数据。

图 3-3 显示了 1999—2018 年世界各地区天然橡胶消费量变化。从该图中可以看出，过去 20 年以来，亚太地区所消费的天然橡胶占世界的比例呈现上

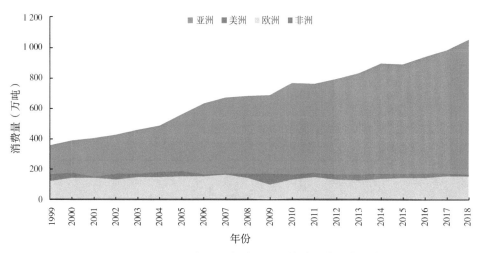

图 3-3   1999—2018 年世界各地区天然橡胶消费量变化情况

注：来源于国际橡胶研究组织统计数据。

升的趋势，同时美洲和欧洲地区所占比例均有所下降。亚太地区的消费比例从 1999 年的 50% 左右上升至 2018 年的 76% 以上。

1993 年，中国天然胶消费量为 65 万吨，2001 年已增加到 122 万吨，超过美国的 97 万吨，位居世界之首。2010 年，印度是世界第四大天然胶生产国，也是第四大消费国，2010 年自产 90 万吨、消费 118 万吨，需进口 28 万吨。2018 年，消费量在 10 万吨以上国家和地区包括中国、印度、泰国、日本、印度尼西亚、马来西亚、韩国、越南、斯里兰卡、菲律宾、巴基斯坦。图 3-4 显示了 2018 年亚洲主要天然橡胶消费国家和地区的消费情况。

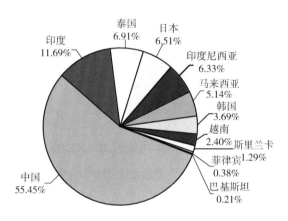

图 3-4　2018 年亚洲主要天然橡胶消费国家和地区的消费情况

注：来源于国际橡胶研究组织统计数据。

图 3-5 显示了 1999—2018 年亚洲主要天然橡胶消费国家和地区的消费量变化。从图中可以看出，亚太地区大多数的国家和地区天然橡胶的消费量呈小幅波动或略有增长，只有中国大陆的天然橡胶消费量从 1999 年以来一直快速增长。

总而言之，世界天然橡胶产业的发展不再仅受欧美国家经济状况的影响，供需关系格局已发生重大变化，未来必将拥有更强的发展势头[①]。可以预期的是，无论是从战略还是工业需求来看，若不出现大的经济危机或毁灭性的自然灾害，世界天然橡胶产业未来还有很大的发展潜力。

---

① 杨连珍.世界天然橡胶业发展现状分析［C］//中国热带作物学会.中国热带作物学会 2007 年学术年会论文集.海口：中国热带作物学会，2007：15—21.

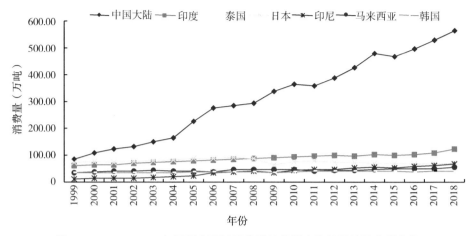

图 3-5　1999—2018 年亚洲主要天然橡胶消费国家和地区的消费量变化

注：来源于国际橡胶研究组织统计数据。

3.2　世界天然橡胶贸易现状

天然橡胶树属热带雨林乔木，种植地域基本分布于南北纬 15° 以内，主要集中在东南亚地区，占世界天然橡胶种植面积的 90% 以上。生产国主要有泰国、印度尼西亚、马来西亚、中国、印度、越南、缅甸、斯里兰卡等，尤以泰国、印度尼西亚和马来西亚为主，产量占世界产量的 60% 以上，且将所产天然橡胶的绝大部分用于出口，其中泰国和印度尼西亚的出口占产量比高达 90% 以上。因此，由于天然橡胶种植受地理因素制约，天然橡胶的主要生产地都在赤道附近，而天然橡胶的主要消费国大都不生产天然橡胶，因此从世界范围看，天然橡胶的贸易特点是从赤道附近流向世界各地，尤其是主要消费地，包括东亚、美国和欧洲。

进入 21 世纪以来，世界天然橡胶出口贸易量逐年递增。

世界天然橡胶主要出口国分别是泰国、印度尼西亚、马来西亚和越南等。根据天然橡胶生产国协会（ANRPC）统计数据，2018 年泰国天然橡胶出口量达到 412.6 万吨，印度尼西亚出口量为 314.59 万吨，马来西亚出口量为 112.56 万吨，越南出口量为 150.0 万吨。另外在拉丁美洲和非洲也还有部分天然橡胶出口，根据国际橡胶研究组织统计数据，科特迪瓦作为非洲最大的天然橡胶出口国，2018 年天然橡胶出口量为 65.83 万吨。

世界上很多消费大国的天然橡胶依靠进口，如中国、美国、日本、韩国、德国、法国等。中国同时担当着世界上最大的天然橡胶消费国和最大的天然橡胶进口国的双重身份。世界上天然橡胶进口大国排名依次为中国、美国、日本、马来西亚和韩国等。根据国际橡胶研究组织统计数据，2018 年中国（含台湾）进口的天然橡胶总量为 550.02 万吨；美国是世界第二大天然橡胶进口国，2018 年进口量为 103.48 万吨；马来西亚是世界第三大天然橡胶进口国，2018 年进口的天然橡胶达 97.33 万吨；日本是世界第四大天然橡胶进口国，2018 年天然橡胶进口量为 70.52 万吨。

中国主要从泰国、马来西亚、印度尼西亚和越南进口天然橡胶；美国主要从印度尼西亚和泰国进口天然橡胶，并且从非洲的利比里亚进口一部分；日本主要从泰国和印度尼西亚进口；韩国主要从泰国、印度尼西亚和马来西亚进口；德国的天然橡胶主要来自泰国和马来西亚；法国的天然橡胶主要来自于泰国、马来西亚和非洲的科特迪瓦。

国际市场上天然橡胶的供应完全控制在泰国、马来西亚、印度尼西亚等少数几个国家手中，这些主要产胶国的产业结构调整、工业化进程加快、劳动力成本上涨、原油价格上涨、胶园更新严重滞后都会对天然橡胶的供给带来影响。特别是最近几年国际棕油价格攀升，出口油棕比出口橡胶的利润更大。马来西亚、印度尼西亚、越南等既是种植油棕大国，也是产胶大国的东南亚国家，许多种植者放弃橡胶而改种植油棕，这必然造成国际天然橡胶的供给缩减，天然橡胶价格大幅度上涨的趋势将会持续下去。同时，由于东南亚主产国如泰国、马来西亚等国工业化进程的加快及对天然橡胶消费量的增大，世界范围内可供出口橡胶逐年减少，天然橡胶资源失衡比较明显[①]。

3.3 世界天然橡胶库存现状

世界天然橡胶总库存分为生产国库存和消费国库存。生产国库存主要以泰国和马来西亚为主，印度尼西亚和越南作为天然橡胶主产区，库存一直不足；

---

① Rivano F, Mattos C R, Le Guen V, et al. Is the production of Natural Rubber from Hevea really threatened? ［R］. Montpellier：CIRAD, 2010.

消费国库存天然橡胶量相对而言则更少。但总体而言，全世界范围内的天然橡胶库存快速减少，供需呈现紧张态势，进而容易引发天然橡胶国际价格动荡①。

2009—2018 年的世界主要天然橡胶生产国和消费国库存状况如表 3-1 所示。

表 3-1　2009—2018 年世界主要天然橡胶生产国和消费国库存量　（单位：万吨）

年份	中国	印度	日本	马来西亚	合计
2009	14.2	27.0	3.9	16.1	262.1
2010	6.7	31.5	3.8	14.2	257.2
2011	3.3	26.2	6.7	16.3	253.6
2012	9.8	29.0	3.1	16.9	260.0
2013	17.4	27.2	5.0	16.8	267.8
2014	15.4	22.5	4.8	14.2	258.3
2015	24.9	24.0	4.0	17.8	282.2
2016	29.2	26.0	3.6	20.3	280.7
2017	38.3	27.1	5.7	18.4	291.2
2018	32.0	26.7	7.8	22.3	290.6

注：来源于国际橡胶研究组织统计数据。

3.3.1　泰国天然橡胶库存现状

根据国际橡胶研究组织统计数据，泰国生产的天然橡胶中有将近 90% 用于出口，仅 10% 用于国内消费。随着泰国工业经济的发展，近年来泰国国内的天然橡胶消费量有所增加。随着国外天然橡胶加工业的资金投入，国内消费量可能会继续增长，但增幅不会太大。泰国天然橡胶的库存量保持较稳定，一般均在 20 万吨左右。

3.3.2　马来西亚天然橡胶库存现状

在东南亚天然橡胶主产国中，马来西亚的天然橡胶初加工设备及工艺在国际上具有较大的影响，加工能力强，加工技术水平高，生产的橡胶制品在国际

---

① Zephyr Frank, Aldo Musacchio.The International Natural Rubber Market：1870–1930. https://eh.net/, 2010–02–01.

上具较高的信誉度。由于马来西亚具有较强的天然橡胶加工能力，加之随着橡胶制品工业的发展，特别是胶乳制品工业的发展，对天然橡胶原料的需求量大，大量原料需要从国外进口。马来西亚每年的库存量较为稳定，一般维持在16万吨以上，其中的大部分集中在橡胶加工商的手中。

3.4 小 结

根据国际橡胶研究组织统计数据，纵观过去10多年的世界天然橡胶产业的发展史，虽然天然橡胶的产量、总消费量、总库存量总体趋势呈递增态势。图 3-6 显示了 1999—2018 年的世界天然橡胶的总产量、总消费量和总库存量状况。

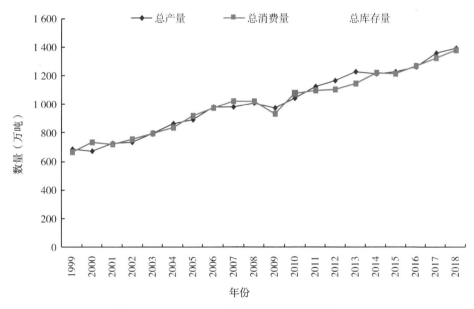

图 3-6　1999—2018 年世界天然橡胶产消情况

注：来源于国际橡胶研究组织统计数据。

从图 3-6 中可以看出，世界天然橡胶产量的提高，同时消费量也随之提高，库存量近几年呈稳定态势。这表明，总体而言世界天然橡胶生产及消费均呈良好发展势头。相对而言，产出量逐渐与消费量相当，也就是说全球天然橡胶的供需逐渐趋于平衡。例如，2019 年，全球天然橡胶产量估计增加到 1 377.2 万吨；而天然橡胶消费量也估计达到 1 372.1 万吨。

虽然目前的天然橡胶主产国采取措施控制天然橡胶产量，但全球天然橡胶供大于求的局面仍可能会持续到 2021 年，天然橡胶需求疲软必将导致天然橡胶的价格继续在低位徘徊，而且中国等橡胶消费大国库存较高，东南亚橡胶出口国货币贬值，均导致橡胶价格难以提升。同时，作为合成橡胶生产主要原材料的石油产品的价格下降，也可能进一步减少对天然橡胶的需求并且拉低天然橡胶的价格。具体来说，2000 年第一轮种植热潮开始，2009—2012 年为第二轮种植高峰期，因此在供应压力下，橡胶价格自 2011 年开启长达 7 年的下跌。目前，产胶国还有大量树龄在 10 年以下的高产树种，具有较大的供应释放潜力，理论上本轮产能释放在 2018—2019 年达到峰值，并将延续至 2021 年左右。2017—2018 年度橡胶产量激增是上一轮种植热潮的结果，开割面积增长率将趋于放缓，然而供应量的绝对值和供需关系的相对过剩需要相当长的时间去调整。考虑到目前胶价低迷，很多适龄橡胶树处于弃割状态，一旦价格开始回暖，还将有更多产能释放出来，因此橡胶的趋势性反转将是一个长期反复的过程。橡胶天量库存对市场造成巨大压力，在库存没有得到有效去化之前，始终对橡胶价格构成压制。从而，未来的 5 ～ 10 年国际天然橡胶市场始终面临上游供应旺盛，下游需求疲弱的局面，买方市场的状态将长期延续，直至供需关系发生实质性扭转。

4

中国天然橡胶生产、消费、贸易和自给现状

4.1 中国天然橡胶生产现状

中国最早引种橡胶树是中国云南干崖（现盈江县）傣族土司刀安仁1904年从日本经新加坡回国时购买的8 000株橡胶苗，引种到北纬24°的云南省盈江县新城凤凰山种植，获得成功，现仍存一株。1905年日本人将橡胶引入台湾省嘉义县种植成功，同年华侨从马来西亚运回一批橡胶树种子，在儋州那大地区栽培，并开创了海南种植橡胶的历史。此后又有几位华侨从南洋引进橡胶树苗，建立胶园，成立公司，但直至新中国成立前，中国民间经营的胶园完全处于自生自灭的状态。新中国成立后，中国政府非常重视天然橡胶的发展。中国农垦科技工作者通过科学实践，打破了国外近百年来天然橡胶权威人士所谓北纬15°以北是巴西橡胶树种植"禁区"的定论，成功地在北纬18°～24°的广大地区种植巴西橡胶树，并获得较高的产量。并已形成了以海南、云南、广东农垦为主的三大天然橡胶优势种植区域，历经70多年的努力，不仅橡胶产量增加近2 900倍，而且单产由400千克/公顷提高到2018年的1 300千克/公顷，其中云南和海南农垦已超过世界平均单产水平[①]。

---

① 中国天然橡胶协会. 中国天然橡胶百年简明大事记. http://www.cnraw.org.cn/, 2008–09–23.

4.1.1　生产概况

20 世纪 90 年代之前，中国天然橡胶生产主要以农垦为主，民营胶份额很小。市场放开后，在各级政府的支持下，通过农垦在技术、管理、资金上的扶持和广大胶农的努力，民营橡胶得到了长足的发展。2019 年农业农村部统计数据表明，民营橡胶产量从 20 世纪末只占全国总产量的 20% 左右上升到59.32%，年产达 48 万余吨，民营胶园面积达 1 074.21 万亩，占全国胶园总面积的 62.55%[①]。

目前，中国的天然橡胶产业体系已经初步建成，天然橡胶生产国协会（ANRPC）的统计数据表明，中国 2019 年的天然橡胶收获面积居世界第三位，产量居第四位，是天然橡胶生产大国[②]。

中国天然橡胶种植分布在海南、云南、广东、广西、福建等五省区（由于广西和福建的产量很低，因此本书并未统计其数据）。目前，中国已建成海南、云南、广东 3 大天然橡胶优势种植区域，拥有中国天然橡胶 40% 生产量（加上国外合作胶园可控资源生产量超过 60%）的农垦系统、天然橡胶生产企业和农场，已经按照市场经济的要求，坚持集团化、产业化和股份制改革方向，组建了海南、云南、广东 3 省天然橡胶集团公司，推进了中国天然橡胶产业化经营[③]。

根据中国农业农村部发展南亚热带作物办公室统计数据表明，2018 年中国天然橡胶产量 81.93 万吨，从大到小依次排序：云南产量为 45.48 万吨；海南产量为 35.07 万吨；广东产量为 1.39 万吨。

图 4-1 显示了 2018 年中国各天然橡胶生产地产量分布。

图 4-2 显示了 1995—2018 年中国天然橡胶主产地产量变化。

① 农业农村部统计数据，2019 年.
② FAO 统计数据库，2019 年 11 月 01 日.
③ 农业部发展南亚热带作物办公室.全国天然橡胶优势区域布局规划（2008—2015 年）[R].北京：农业部发展南亚热带作物办公室，2008.

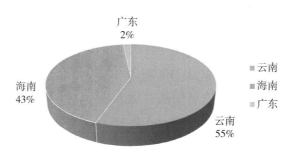

图 4-1　2018 年中国各天然橡胶生产地产量分布情况

注：来源于中国农业农村部发展南亚热带作物办公室统计数据。

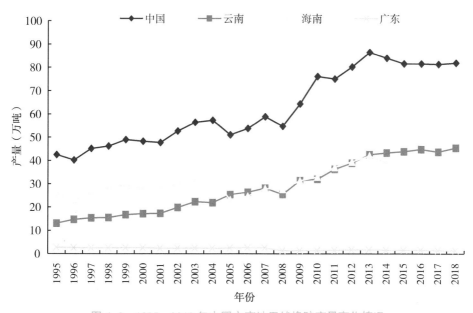

图 4-2　1995—2018 年中国主产地天然橡胶产量变化情况

注：来源于中国农业部发展南亚热带作物办公室统计数据。

4.1.1.1　云南天然橡胶生产概况

　　云南省于 1904 年引种橡胶树，是中国最早引种橡胶树的地区，至今已有 100 余年的历史。但天然橡胶的大规模种植和发展是在新中国成立之后。云南的天然橡胶产业是在党中央、国务院的直接关怀和支持下，在云南省各级党委和政府的领导下发展起来的。在云南农垦的带动和扶持下，云南省民营橡胶种植业也得到了迅速发展，现植胶面积和总产量已超过云南农垦。经过多年的培育，天然橡胶产业已发展成为云南省热区的重要产业和边疆各少数民族脱贫致富的重要经济来源。目前，云南省从事天然橡胶种植和生产的人员有 60 万人左右，辐射生产人员 250 多万人。至 2018 年年底，云南省天然橡胶种植总面积达到 857.07 万亩，其中农垦 210.60 万亩，民营 646.47 万亩；天然橡胶投产面积 494.20 万亩，其中农垦 159.31 万亩，民营 334.89 万亩；干胶总产量 45.48 万吨，其中农垦 13.94 万吨，民营 31.54 万吨。云南天然橡胶种植面积占全国的 49.91%，投产面积占全国的 44.90%，干胶年产量占全国的 55.51%（还有占总面积几乎一半的幼林未投产）[①]。

云南天然橡胶种植面积比海南省大，干胶总产量在海南遭受强台风和严重干旱等自然灾害而大幅减产的情况下，自 2013 年起连续几年成为全国产量最高的省份。单位面积产量从 1995 年起平均亩产超过 100 千克，处于国内领先地位。经 60 多年天然橡胶产业的发展，云南已在规模上超越海南，成为中国第一大天然橡胶生产基地，也是中国唯一大面积平均亩产达 100 千克以上的天然橡胶高产基地，其单产也高于大多数世界主要植胶国家，达到世界先进水平。西双版纳傣族自治州是云南省植胶自然条件最好的地区，种植面积最大，总产和单产最高。但云南山多，耕地难求，橡胶种植规模受限[②]。

云南作为中国植胶条件最优越的植胶省区，今后要在巩固现有产业基础，适度扩大种植规模，大力改造低产低质胶园，在不断提高单位面积产量的基础上，依靠科技创新、体制创新和机制创新，进一步增强产业市场竞争力。

4.1.1.2　海南天然橡胶生产概况

1952 年 1 月，为了打破帝国主义对我国的经济封锁和橡胶禁运，党和国家作出了在华南地区发展天然橡胶的决策，创建了海南天然橡胶生产基地。海南历经几代人的团结拼搏、艰苦创业，天然橡胶产业发展取得了巨大的成就，对维护国家战略物资的供应安全、促进国民经济发展、增加就业、繁荣热区经济、维护社会稳定作出了重大贡献。但海南省有光照时间短、降水量少、冬季低温、风害严重等气候特点，以及存在胶园更新改造滞后、产量增长缓慢、生产技术发展不平衡、种植布局不尽合理、栽培品种单一老化、优良新品种推广速度缓慢、产品结构不合理等问题[③]。

---

① 云南农垦集团有限责任公司 . 天然橡胶 . http://www.ynnk.com.cn/, 2007–01–12.
② 王忠田 . 马来西亚院士谈世界天然橡胶业 [J] . 中国橡胶, 2006, 22 (18) : 26–28.
③ 王忠田 . 马来西亚院士谈世界天然橡胶业 [J] . 中国橡胶, 2006, 22 (18) : 26–28.

4.1.1.3 广东天然橡胶生产概况

广东省的天然橡胶生产主要来自广东农垦。广东农垦是中央直属垦区，创建于 1951 年（原华南垦殖局），天然橡胶产量占全省的 95% 以上，现有天然橡胶基地 67.78 万亩,是重要的乳胶生产基地之一①。广东农垦把握经济全球化发展的趋势，整合国内外橡胶资源，组建了广垦橡胶集团，利用国家扩大开放的国策，发挥多年来形成的组织体系、产业规模、技术力量等优势，抓住机遇，积极实施"走出去"发展战略，不仅是提升广东农垦天然橡胶产业竞争力的需要，更是国家经济安全的需要。对内采取优化、发展、提高的方针，对外采取建基地、搞加工、抓贸易、拓市场的办法，确立了以东盟为重点，坚持"低调进入，务实推进，早见成效"的方针，本着"合作共赢，资源共享"的原则，采取了"先主要产胶国，后次要产胶国；先投入加工业，后发展种植业；先控有现存资源，后开发未来资源"的投资策略，逐渐壮大了实力，提升了垦区天然橡胶的核心竞争力。目前，广东农垦正致力于使其拥有的胶园面积增加到 110 万亩以上，其中国内 70 万亩，国外参股或控股胶园 40 万亩②。

4.1.2　发展趋势分析

由于天然橡胶产业是典型的资源约束型产业，中国种植橡胶地区处于热带北缘，适合于种植橡胶地范围不大，目前已经利用了 70% 左右，剩下的大部分被其他热带作物所占用。加上中国种植橡胶地区年平均气温略低，有效积温较低，降水量偏少，并且存在"风寒害"等自然环境问题，此外，种植业生产技术水平比较低，割胶工艺落后，种植品种单一老化，优良新品种推广速度慢，这使得中国天然橡胶生产能力有限③。

目前，广东、海南和云南等省正在东南亚投资橡胶种植业④，正是因为中国橡胶发展受到资源的制约而提出"走出去"的发展战略，希望能在某种程度上解决我国天然橡胶产量不足的问题。但实际上"走出去"具体操作上存在投资成本、政治风险、双重税收等诸多问题，并且长期来看，该战略对解决中国天然橡

---

① 广东农垦信息网 . 橡胶产业 .http://www.guangken.com.cn/.

② 广东农垦信息网 . 橡胶产业 .http://www.guangken.com.cn/.

③ 田宝良等 . 全球天然橡胶生产消费市场发展及其风险管理［R］.上海：上海期货交易所，2005.

④ 王忠田 . 马来西亚院士谈世界天然橡胶业［J］.中国橡胶，2006，22（18）：26-28.

胶产业并不能获得良好效果，短期内仍无法解决中国天然橡胶产量不足的问题。

据国家行业产业调整分析和国际橡胶研究组织预测，中国天然橡胶的峰值从目前种植规模来看，仅 82 万吨。为保障我国天然橡胶供给安全，落实 2019 年中央一号文件及国务院《关于建立粮食生产功能区和重要农产品保护区的指导意见》文件精神，以云南、海南和广东为重点，划定了天然橡胶生产保护区 1 800 万亩，产量峰值预计为 130 万吨左右，需求量将从 2019 年的 585 万吨继续增长 [1]。

4.2 中国天然橡胶消费现状

1985 年中国天然橡胶消耗量仅 44 万吨。20 世纪 90 年代以来，中国天然橡胶需求稳定增长。进入 21 世纪以来，中国工业生产和固定资产投资保持了较高的增长水平，特别是汽车制造和公路运输的快速增长。中国的天然橡胶主要用于制造轮胎、汽车配件、胶管、胶带、运输带、密封圈、输血管、胶鞋等产品，其中消费量最大的就是汽车工业，约占天然橡胶消费总量的 65%，原因在于中国 70% ～ 80% 的出口轮胎都使用进口天然橡胶制造 [2]。由于中国汽车工业以及其他相关橡胶工业的迅猛发展，带动了橡胶产品生产和消费的大幅增长，进而对天然橡胶的需求起到了强劲的拉动作用。尤其是 2009 年年初，中国国务院出台的"十大扩大内需措施"中，汽车消费引起高度关注，对中国橡胶市场也将产生直接的积极影响 [3]。

目前，全球跨国公司轮胎制造企业开始了向中国转移，目前已经有外资轮胎厂家 40 多家，也带动天然橡胶消费量的巨大增加 [4]。

据国际橡胶研究组织预测，2019 年中国消耗天然橡胶估计达到 585 万吨 [5]。而预计之后的 10 ～ 15 年，中国国内天然橡胶需求量每年将以 5% ～ 8%

---

① 金融界期货.我国对天然橡胶的需求三年间增长近 90 万吨［N］.2019-11-02.

② 田宝良等.全球天然橡胶生产消费市场发展及其风险管理［R］.上海：上海期货交易所，2005.

③ 田宝良等.全球天然橡胶生产消费市场发展及其风险管理［R］.上海：上海期货交易所，2005.

④ Rakesh Neelakandan. Four factors that may weaken natural rubber prospects. http://www.commodityonline. com//, 2011-06-03.

⑤ 金融界期货.我国对天然橡胶的需求三年间增长近 90 万吨［N］.2019-11-02.

的速度增长，占世界总消费量的 1/4 ～ 1/3，这将造成中国天然橡胶高度依赖进口[①]。

4.3 中国天然橡胶贸易现状

4.3.1 中国天然橡胶进口量

中国天然橡胶生产能力有限，但随着中国作为"世界加工制造中心"地位的不断强化，消费量大幅度地增加，产量远远不能满足需求，因此缺口在不断扩大，进口量持续增长。中国从 2001 年起超于美国，成为世界上最大的天然橡胶消费国和进口国。图 4-3 反映的就是从 1999—2018 年中国天然橡胶进口量，可以看出，中国的天然橡胶进口量持续快速增长。

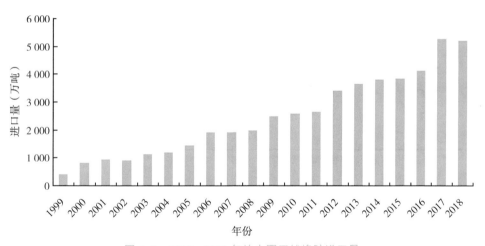

图 4-3 1999—2018 年的中国天然橡胶进口量

注：来源于国际橡胶研究组织统计数据。

表 4-1 显示了 2002—2018 年依出口国的中国天然橡胶进口量。根据国际橡胶研究组织统计数据，2018 年中国天然橡胶进口总量为 522.62 万吨，而从泰国、马来西亚、印度尼西亚和越南进口的天然橡胶总量即达到了 511 万吨以上，因此中国主要从上述 4 国进口天然橡胶。

---

① 柯佑鹏，谭基虎，过建春等．我国 NR 安全问题的探讨［J］．橡胶工业，2006，53（12）：764-767.

表 4-1　2002—2018 年依出口国的中国天然橡胶进口量　（单位：万吨）

年份	泰国	马来西亚	印度尼西亚	越南
2002	57.29	14.91	5.88	9.69
2003	65.09	20.74	10.77	18.71
2004	61.98	28.87	19.75	30.05
2005	57.34	40.15	24.99	36.98
2006	74.72	55.97	34.05	46.94
2007	82.74	56.58	35.02	43.16
2008	82.48	53.91	32.05	46.78
2009	116.03	65.82	52.71	49.46
2010	112.86	69.21	43.49	46.12
2011	132.79	70.19	42.32	50.16
2012	166.44	82.62	52.14	49.28
2013	212.24	87.97	58.23	52.14
2014	213.95	78.91	41.02	55.89
2015	220.67	74.25	34.16	74.77
2016	227.56	66.94	36.91	75.68
2017	280.90	85.76	70.56	89.62
2018	281.55	81.63	47.46	101.23

注：来源于国际橡胶研究组织统计数据。

4.3.2　中国与主要天然橡胶出口国的贸易现状

4.3.2.1　泰国

从 2003 年至今，中国一直是泰国最大的天然橡胶出口市场。中国从泰国进口的天然橡胶量超过天然橡胶总进口量的一半。随着中国对天然橡胶进口配额制的取消和关税的进一步降低，泰国对中国出口天然橡胶的形势继续看好，泰国已成为中国天然橡胶原料的重要供应国。

随着中泰两国天然橡胶贸易量的不断增加，两国政府对天然橡胶的贸易合作也越来越重视，天然橡胶经济合作将会不断加强 [①]。2004 年，泰国农业部专程对中国的天然橡胶市场进行了考察，以寻求进一步开拓中国市场。中国政府与相关企业也非常关注泰国的天然橡胶市场，寻找合作机会 [②]。近年来，中泰两国关系十分友好，中泰两国将进一步加强在天然橡胶产业领域的合作。

4.3.2.2 越南

随着中国经济的腾飞和中国汽车制造业的迅猛发展，中国对橡胶的需求量也将不断增长。目前中国是越南最大的天然橡胶出口市场，越南的多数橡胶产品是通过芒街口岸出口到中国市场，越南成为中国第二大天然橡胶进口来源国。

加强中国与越南天然橡胶贸易的合作，对维护两国的利益显得非常必要和重要 [③]。为增加对中国天然橡胶的出口量，越南拟采取一系列相应的措施，如鼓励越南橡胶企业与中国橡胶消费企业建立长期的合作关系，在中国经济发达地区设立办事处，制定优惠政策，吸引中国到越南投资橡胶种植业和加工业等。中国方面相关单位在积极主动地开展这方面的工作。海南农垦准备在越南设立海南农垦电子交易中心越南交易厅，使越南的橡胶制品通过电子交易平台销售到中国，实现越方产品在中国境内顺利销售。海南天然橡胶产业集团股份有限公司还将与越南橡胶总公司在天然橡胶种植、加工技术方面加强紧密合作，建立定期的人员互访及交流机制，经常性地交换种植加工技术和行业信息 [④]。2006 年中国橡胶工业协会与越南橡胶协会创建了友好协会 [⑤]。通过在天然橡胶产业方面的合作，从而共同提高两国天然橡胶产业在世界的竞争力 [⑥]。

4.3.2.3 马来西亚

马来西亚与中国在天然橡胶研究方面有多年的往来与合作。另外中国市场

——————————

① Sayamol Kaiyoorawong, Bandita Yangdee.Rights of rubber farmers in Thailand under free trade[R]. Bangkok.Project for Ecological Awareness Building，2005.

② 何春涛，卢升信.泰国广垦橡胶（沙墩）有限公司建成［J］.中国热带农业，2005（4）：15.

③ 林有兴.大湄公河次区域天然橡胶产业发展概况及合作思考［J］.热带农业科技，2005，28（1）：16-21.

④ 中橡商务网.海南橡胶集团：与越南橡胶总公司签订合作协议.http://www.e-hifarms.com/.2007-1-17.

⑤ 越南橡胶协会建友好协会.http://xjsl.ztb.org.cn/news/2006-04-21/35263.html.2006-04-21.

⑥ Viet Nam Rubber Association. China to import more Vietnamese natural rubber in 2008. http://www.vra. com.vn/web/.2008-01-23.

也对马来西亚的天然橡胶特别青睐。近年，随着中国经济的迅猛发展，天然橡胶需求量不断增加，马来西亚出口至中国的天然橡胶量也大幅度提高[①]。

随着中国对天然橡胶需求的增加，以及中国与马来西亚之间天然橡胶贸易量的增长，中国与马来西亚均希望通过进一步的合作，促进两国橡胶产业之间的贸易往来[②]。马来西亚得天独厚的天然橡胶生产环境、丰富的资源、先进的技术，以及该国34%的马来西亚华人等多种因素，因此也制定了一系列优惠政策，来吸引中国橡胶投资商。在未来几年，中国与马来西亚天然橡胶贸易往来还将继续深入[③]。

4.3.2.4 印度尼西亚

近年来，印度尼西亚不断加大天然橡胶对中国的出口量，目前印度尼西亚已成为中国第四大天然橡胶进口来源国。因此，中国与印度尼西亚天然橡胶产业有非常好的合作前景。

4.4 中国天然橡胶自给现状

中国已经成为世界上消费量增长速度最快的国家，进一步加剧了我国对进口天然橡胶的依赖，使得天然橡胶自给率逐年下降。天然橡胶自给率是反映自身生产的天然橡胶占天然橡胶总需求的比率，在某一程度可以反映天然橡胶安全程度，也就是对外来天然橡胶的依赖程度。中国天然橡胶消费量 2000 年起超过日本，2001 年起超过美国（当年中国消费量达 121.5 万吨，美国为 97.2 万吨），至今中国一直是世界上最大的天然橡胶消费国与进口国。据中国橡胶工业协会（CRIA）根据会员单位天然橡胶实际消耗量与所占行业的比例测算，2006 年全国橡胶工业天然橡胶（含复合胶）消耗量为 280 多万吨，2007 年为 310 多万吨，但是国内天然橡胶年产量仅 50 多万吨，对外依存度已经接近 80%，国产标胶自给率略超过 20%。2018 年中国橡胶消费量估计达到 567 万吨，较 2017 年的 530.1 万吨增长 6.96%。按照目前的增长速度，在未来相当长的一段时间，中国还将保持世界第一天然橡胶消费大国的地位。

① 涂学忠摘译.中国市场青睐马来西业 NR［J］.橡胶工业，2006，53：138.

② 梁金兰.中国投资者在马来西亚发展天然橡胶产业［J］.橡胶科技市场，2006（10）：22.

③ 方佳，杨连珍.世界主要热带作物发展概况［M］.北京：中国农业出版社，2007：35-38.

　　根据国际上公认的界限，一个国家天然橡胶产业最基本的安全保障线是自给率的30%。目前中国天然橡胶自给率低于基本安全保障线，这一现状直接影响到国内天然橡胶产业的安全。1998年自给率为53.6%，2001年下降至34.9%，2005年下降至20.9%，2018年进一步下降至15.48%。

　　图4-4显示了1998—2018年中国天然橡胶自给率变化。

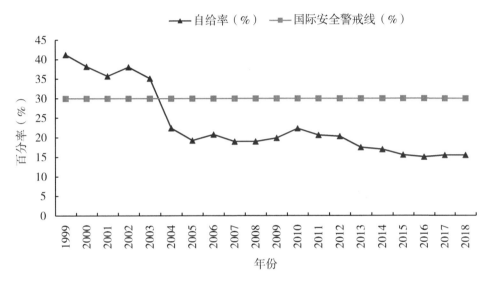

图4-4　1998—2018年中国天然橡胶自给率变化情况

注：来源于国际橡胶研究组织统计数据。

5

中国天然橡胶供给安全研究

5.1 天然橡胶供给安全的含义

天然橡胶供给安全是指可获得的天然橡胶资源在数量和质量上及时并足量地满足其天然橡胶需求，以及抵御可能出现的各种不测事件的能力和状态。

天然橡胶供给安全属于国家经济安全范畴，其决定性因素是天然橡胶生产及消费的能力和水平，同时和国家经济发展水平及外贸状况有着密切的联系。天然橡胶安全包含三方面内容：一是生产安全，即供给量的安全；二是流通安全，包括价格、运输等方面的安全；三是消费安全，体现满足经济发展需要的一种能力[①]。

不同国家天然橡胶供给安全目标有所不同。如天然橡胶净出口国的侧重点是天然橡胶价格安全，核心目标是确保天然橡胶以合理的价格销售，获得稳定与合理的利润额；而天然橡胶净进口国则侧重于天然橡胶生产安全和消费安全，核心目标是确保天然橡胶的供给能够满足国内经济发展的需要。中国作为天然橡胶的世界第一大净进口国，密切关注天然橡胶供给量安全，其中包括了天然橡胶生产自给能力、进口能力和储备能力等，最重要的就是天然橡胶生产自给能力。

---

① 许海平，傅国华. 我国天然橡胶安全指标的探讨［J］. 中国农垦，2007（6）：33-34.

5.2　中国天然橡胶供给安全直接制约因素

由于中国天然橡胶产业是典型的资源约束型产业，天然橡胶生产自给方面目前面临着诸多的瓶颈，简单归纳起来，有以下 3 项。

5.2.1　中国宜胶地资源稀缺

天然橡胶作为外来物种，属典型的热带作物，种植受地理条件限制很大，生产大多集中在东南亚一带的高温高湿且风害少地区。因此，宜胶地资源是决定天然橡胶供给的基础。

目前，中国满足天然橡胶生产条件的地区主要分布在热带亚热带地区，如海南、云南、广东、广西、福建南部、湖南南部、台湾以及贵州、四川南端的河谷地带[①]。受有限热区土地资源的约束，中国最适宜植胶地面积仅为 97.33 万公顷，目前利用率仅达 68.5%，即在最适宜植胶地仅种植了 66.67 公顷的橡胶（2018 年天然橡胶种植面积达 114.49 万公顷），而有 47.82 万公顷橡胶种植于次适宜植胶区，剩下的 31.50% 被其他热带作物所占用[②]。同时，中国的植胶区大部分布在国际上普遍认为不能植胶的北纬 18°～ 24° 地区，属于热带的北缘，风、寒、病、旱等自然灾害频繁。

在资源约束条件下，中国天然橡胶发展的根本出路是依靠科技进步和国家帮扶政策来开发和挖掘资源潜力，走提高天然橡胶单位面积产量的道路。预计到 2030 年，如要提高总产则需再适当扩大植胶面积，使开割面积保持在 46.667 万公顷以上，通过种植多抗超高产的胶木兼优品种及推广新型产量刺激剂及微割等采胶新技术，使天然橡胶的单位面积产量达到 1 650 千克 / 公顷[③]。

---

① 农业部南亚热带作物中心 . 全国热带、南亚热带地区概况 . http://www.troagri.com.cn/, 2009-06-30.

② 齐欢 . 国内外橡胶产业发展现状和中国加入 WTO 后橡胶产业发展面临的机遇、挑战及对策研究 . http://www.transmissionbelt.com/news21211.htm.

③ 齐欢 . 国内外橡胶产业发展现状和中国加入 WTO 后橡胶产业发展面临的机遇、挑战及对策研究 . http://www.transmissionbelt.com/news21211.htm.

5.2.2 劳动力资源限制

经济效益提高必须建立在生产率提高的基础上。随着工业化进程的加快，新兴产业与植胶业对劳动力的争夺越来越高。由于割胶是劳动力密集型生产活动，经济发展和生活水平提高会导致胶工大量流失而出现短缺，从而证明劳动力资源会制约天然橡胶产业的发展。

近几年以来，由于在植胶区大力推广应用低频乙烯利刺激割胶制度和扩岗割胶，使割胶生产率得到前所未有的提高，对降低成本、提高效益、增加胶工收入发挥了重大作用。

5.2.3 种质资源少

世界各植胶国都极为重视橡胶树种质资源的收集、保存和研究工作。目前除巴西作为橡胶树原产地具有丰富的种质资源外，其他国家如马来西亚、印度尼西亚、印度、法国（保存在科特迪瓦）和中国也保存有较丰富的橡胶树种质资源（表5-1）。

表5-1　各国所保存的橡胶树种质资源　　　　　　　　　（单位：份）

国别	1981年IRRDB 野生种质	哥伦比亚、秘鲁 等种质	Wickham 栽培种质	其他种质
马来西亚	9 672	无	14	14
印度尼西亚	7 788	无	12	无
法国（保存于科特迪瓦）	2 847	425	10	无
印度	4 548	无	52	无
中国	5 710	无	15	335
总计	30 565	425	103	349

注：来源于中国热带农业科学院橡胶研究所（CATAS-RRI）统计数据。

从上表可以看出，各国收集的种质资源除Wickham栽培种质及橡胶树属其他种的种质外，大部分是IRRDB 1981年收集的种质。

天然橡胶1904年首次引种到云南，1905年引种到台湾。1906年引种到海南琼海。新中国成立后，通过双边和多边的品种交换等渠道，引进了三叶橡胶的 5 个品种 208 个种质，有力地推动了中国植胶业的迅速发展。中国参加了 1981 年国际橡胶研究与发展组织（IRRDB）组织有关成员国到原产地巴西亚马孙河流域丛林的联合考察行动，收集、引进橡胶树野生新种质 8 000 多份，成活约 6 000 份，极大地丰富了中国天然橡胶选育种的遗传材料[1]。此后，又从马来西亚、泰国、印度和斯里兰卡等国家引进各种优良品种材料 20 余份。目前，中国已成功引进并保存了巴西橡胶树种质资源 6 个（变）种 6 000 余份。这些种质资源为 21 世纪中国天然橡胶新品种的培育和应用打下了坚实的基础[2]。

但是目前中国已拥有的天然橡胶种质资源，仍不及世界种质资源总量的 1/4，短期内增加品种及提高产量有一定困难。因此，中国必须增强橡胶科技的投入，进一步巩固中国天然橡胶科技在国际上已取得的领先地位，对橡胶种质资源开发利用给予重点扶持，并且通过双边和多边的品种交换等渠道，收集和引进天然橡胶野生种质，丰富中国天然橡胶选育种的遗传材料。

5.3　中国天然橡胶供给安全存在的问题

中国植胶区地处热带北缘，除了在自然资源上的相对劣势外，天然橡胶供给在其他层面上仍存在许多重大问题。

5.3.1　栽培品种单一老化，种植结构不合理

新中国成立初期，由于经济封锁等原因，中国种植的橡胶树品种主要是低产低抗的实生树（许多胶工称之为"兵团树"）；至 20 世纪 60—70 年代仍大量使用国内低产无性系[3]。

根据有关统计数字分析，到 2001 年，20 世纪 50 年代国外选育的 RRIM 600、PR 107、GT 1 三大老牌品种的种植面积约占总植胶面积 90% 以上，实生树和其他品种约占 9%，而近年选育出的热研 7-33-97、大丰 95、云研 77-4

---

① Lai Van Lam, Tran Thanh, Vu Thi Quynh Chi, Le Mau Tuy. Genetic Diversity of Hevea IRRDB'81 Collection Assessed by RAPD Markers［R］. Siem Reap, Cambodia. IRRDB, 2007.

② 中国热带农业科学院橡胶研究所. 国家橡胶树种质资源圃. http://rri.catas.cn/kypt/gjxjszzzyp.asp.

③ 农业部发展南亚热带作物办公室. 全国天然橡胶优势区域布局规划（2008—2015 年）［R］. 北京：农业部发展南亚热带作物办公室，2008.

等优良新品种种植面积不足 1%。不但产能难以提升，而且受自然灾害制约严重，仅风寒灾害每年造成产量直接损失都在 10% 以上，个别年份达20%[1]。

受投入不足和台风、寒害、旱灾、病虫害等自然灾害影响，中国老胶园更新速度远远低于东南亚主产国，目前农垦有近 25% 橡胶园的树龄在 35 年以上，有 16% 的橡胶园树龄超过 40 年。待更新的亩产不足 50 千克的老、残、低产胶园仍占收获面积的 20% 以上，且都处在一类宜植区，比例偏大；尚未投产开割、需加强抚管的幼龄胶园近 600 多万亩[2]。

根据农业农村部发展南亚热带作物办公室资料显示，按胶园建设正常运作，上述胶园建设每年需要投资近 14 亿元，而目前每年实际投资只有 2 亿～3 亿元，资金投入严重不足，使得老、残、低产胶园更新速度缓慢，新植胶园管理水平也有待提高，从而在整体上制约了胶园建设水平的提升和产量潜力的发挥。

另外，种植布局也不尽合理。由于当时为了快速发展橡胶，采取了先易后难、先平原后山区的策略，因此在风害大、寒害重的地方也种植了大量的橡胶树，如在海南东部、广东雷州南部、广西和福建等地所种植的橡胶树，风害、寒害频繁，产量低下，影响了资源产能的发挥。

5.3.2 民营橡胶普遍存在诸多问题

在新植胶园发展方面，农民种胶的积极性很大，主要通过荒山荒坡退耕、退草甚至退果种胶来扩种。近年来，中国每年平均新增植胶面积 1.7 万公顷，民营胶园在中国植胶面积的比例迅速增大。

但民营橡胶园重种轻管，广种薄收，不少个体胶农胶园管理水平差，不施肥或少施肥，橡胶树生长不良；重采轻养，开割率低，产量低，有的胶园处于半荒芜状态；重胶轻割，导致产量低，橡胶树经济寿命短。

5.3.2.1 重种轻管

民营橡胶园普遍存在品种混杂，环境与品种没有对口配置，低产品种和实

---

① 农业部发展南亚热带作物办公室.全国天然橡胶优势区域布局规划（2008—2015 年）［R］.北京：农业部发展南亚热带作物办公室，2008.

② 农业部发展南亚热带作物办公室.全国天然橡胶优势区域布局规划（2008—2015 年）［R］.北京：农业部发展南亚热带作物办公室，2008.

生树仍占一定比例，开垦较差，种植密度过高。民营橡胶园未能很好地贯彻橡胶树栽培技术规程，橡胶树种植质量差，种植规划和生产管理水平较落后，胶园可持续生产能力较差。

5.3.2.2 重采轻养

民营橡胶园垦殖用地缺乏科学规划设计，苗木质量没有严格把关。农户中种植的橡胶树，基本没有施肥、病害监控、防治不及时，防效较差。

5.3.2.3 重胶轻割

割胶制度落后，割胶技术太差。不少个体胶农还采用一天一刀老割制，既不科学又劳民伤财。由于割胶频率太高，强度太大，施肥管理跟不上，橡胶树不堪重负。死皮停割率高，据统计，目前海南、云南的死皮树已占投产胶树的15%以上。再生皮普遍无法割胶，胶树正值盛产期就没有树皮可割而只好更新。有的胶农割胶刀刀伤树，再生皮上木瘤累累，橡胶树无法割再生皮，割胶年限大大缩短。

总而言之，"管"是施行良好的栽培管理措施，为橡胶树创造适宜的生态环境，培养和提高产胶能力，是高产的基础；"养"是采取调控措施，保持产胶与生长、排胶与产胶潜力的平衡，保证高产和稳产；"割"是采用适宜的割胶方法、割胶制度和熟练的割胶操作技术，合理挖掘产胶潜力，夺取高产。以上三者的有机结合是夺取橡胶树高产稳产综合技术的关键。

由于宜胶土地资源的有限，民营胶园继续扩大的种植面积的可能性不大，中国植胶业的发展将主要通过老残胶园的更新和种植品种的优化来实现。

5.3.3 胶园地力呈现衰退，胶树死皮率逐年增高

经过数十年的发展，中国第一代胶园基本上得到更新，部分第二代胶园也已进入更新时期。在胶园管理过程中，由于投入不足，有机肥施用量不能满足橡胶树生产和保持地力的需要，胶园土壤肥力呈现下降趋势，胶树长势弱，死皮率提高，影响产量。

5.3.4 科技推广体制不健全

5.3.4.1 科技投入少

天然橡胶种植业是典型的资源约束型产业，受气候条件限制，只能在热带

地区发展，因此与粮、棉、油等温带大宗作物相比，在争取国家科技攻关项目、重大基础研究项目、"863"项目等方面难度大，每年的科技投入仅为600万元左右，科技工作被弱化、边缘化的趋势明显。科研机构基本上是"有钱养兵，无钱打仗"，近几年来虽有所好转，但科研经费不足，仪器设备落后，大大削弱了农业的研发能力，使得许多基础性研究无法开展，特别是良种的选育、种质资源保护和农产品加工技术等均有待突破，良种繁育基地规模较小，优良种苗供应能力欠缺。

马来西亚每年投入都在1.5亿元人民币以上，法国的投入也与其不相上下，泰国橡胶所每年的科研经费也在4000万元人民币以上，仪器设备都达到世界一流水平。进入20世纪90年代以后，马来西亚和法国在分子生物学、遗传育种、生理生化等基础研究领域已经远远超过中国，许多原来落后中国的研究领域也开始赶超，如橡胶树遗传转化体系已赶超中国5年以上。

5.3.4.2 创新机制不健全

中国现有天然橡胶科研、教学、技术推广的所属机构多为政府管辖的事业单位，由于条块分割，分工不够明确，开展研究工作时易重复立项，科研效率低，浪费国家资源，不利于农业科研工作的开展和建设。由于基础研究、应用研究和技术推广形不成合力，科研与生产结合、成果推广与生产应用、科技实验与生产场地之间仍存在严重脱节的情况，使得科研成果难以转化为现实生产力。特别是在农垦植胶企业改制以后，科技部门的研发项目很难与理想的试验承担企业达成合作。

5.3.4.3 科技成果推广难

科技推广服务体系比较薄弱，农业自主研发能力较低。在科研成果转化及推广应用方面有所脱节，特别是由于资金投入水平的制约导致没有形成有效的利益链接机制，降低了科技转化效率，影响先进适用技术的快速传播，使一些先进的农业技术和农产品新品种得不到有效的推广应用。同时，由于橡胶树是一种长期作物，植胶区多在边远落后山区，新的科技成果推广往往比其他作物需要花费更多的时间和经费。

5.3.5 基础设施建设严重滞后

虽然中央与地方财政对天然橡胶产业支持力度不断加大，但与发展要求相比，总体投入仍然偏少。"八五"以来，国家每年对于天然橡胶产业的投入一直维持在 1 亿元左右，仅占天然橡胶总产值的 1.7% 左右。水利工程老化，市场设施、信息基础设施等极其薄弱。民营胶园基础设施落后，生产潜力还远未完全发挥出来，严重影响了中国天然橡胶产业的整体发展水平。

5.3.6　缺乏扶持天然橡胶产业的配套政策

国外很多产胶国已与国际惯例接轨，已在利用世界贸易组织规则来扶持胶农和橡胶企业。如马来西亚橡胶研究院设有经济政策研究室，专门从事有关橡胶的经济、信息、情报及发展战略研究，能及时为政府和胶农提供最新信息和有价值的参考意见。同时，马来西亚还有民办的橡胶协会，能随时与政府和胶农进行全方位沟通。

中国缺乏专门机构利用现代信息工具建立和完善科学、灵敏的预警机制和预测体系，不能为中国天然橡胶产业可能受到的冲击提供信息服务、法律援助以及实施反倾销、反补贴和保障措施调查提供资料证明等，这将使中国很难运用世界贸易组织贸易争端解决机制来保护和发展自己，掌握工作主动权。

5.3.7　自然灾害频发重发

中国热区风、涝、寒、旱和病虫害频繁发生，具有成灾面积广、成灾率高、损害强度大和恢复时间长等特点，局部地区甚至是毁灭性的打击。

5.4　中国天然橡胶供给安全的战略选择

随着现代化、工业化和城镇化进程的加快，天然橡胶的缺口越来越大，中国已经成为天然橡胶的世界第一大净进口国，解决中国天然橡胶供给不足问题，摆在面前的有四种选择。

5.4.1　四种可选择战略

5.4.1.1　完全依靠国际市场供给的道路

实际上，"产胶不如买胶"的道路完全不可依赖，原因如下。第一，中国是世界上最大的天然橡胶消费国，如果完全依赖进口，国际胶价必然会相应上涨。随着进口天然橡胶成本的逐渐增加，中国的橡胶制品国际竞争力就会相应降低。第二，若全部依赖进口，一旦国际形势出现大的变化，导致进口困难，很可能使国内的橡胶制品工业陷于瘫痪，影响国家安全。第三，由于部分军工产品必须100%使用天然橡胶制造，天然橡胶进口困难必然会影响到国防的安全。第四，如若全部依赖进口，中国的天然橡胶产业就会被毁，同时会造成大量人员失业，影响中国边疆的社会稳定①。

5.4.1.2 完全国产化的道路

这也不太可能。一方面，中国适宜种植橡胶的土地面积有限，即使全部种上天然橡胶也不能完全满足国内需求。另一方面，目前国际环境较好，中国可以从国际市场得到一定数量、价格相对低廉的天然橡胶，没有必要花费大量的财力、物力和人力扩大橡胶种植范围。

5.4.1.3 扩大使用天然橡胶替代品的道路

这也不现实。第一，合成胶的原料是石油，而石油是日益减少的战略物资。第二，天然橡胶的性能并不是合成橡胶可以替代的。

5.4.1.4 保持一定程度的自给同时进口必要的橡胶作为补充的道路

这种选择应该成为，同时也必须成为中国橡胶工业和天然橡胶产业长期稳定发展的战略选择。

5.4.2 战略选择的必要性

由于天然橡胶的特殊用途和约束型资源特点，以及石油危机的压力，天然橡胶作为战略性物资的地位不会改变。因此，中国天然橡胶产业在保障国家经济发展和国家安全的基本需要，以及平抑国际市场天然橡胶价格、促进热区经济社会发展、解决热区就业问题和实现热区农业持续发展等方面仍将发挥重要的作用。

5.4.2.1 有利于巩固和提升中国在世界经济中的地位

中国目前是全球最具经济活力的国家之一，对天然橡胶年消耗增长率维持在较高的水平。中国自己生产相当数量的橡胶，就可在橡胶原料及制品的国际

---

① 蒋菊生，王如松.WTO与中国天然橡胶产业的生态转型［C］// 中国科协.生态安全与生态建设——中国科协2002年学术年会论文集.北京：中国科协，2002.

贸易中居于主动，也可以利用橡胶种植业、加工业、制品业之间已经存在的紧密关系，不断调整创新橡胶制品和橡胶原料生产的技术，推动产业升级，促进国内相关行业的可持续发展。

5.4.2.2　有利于维护中国的主权和领土完整

目前，尽管经济全球化、贸易自由化的步伐加快，中国处于比较有利的国际环境中。但国家及民族利益间的矛盾并没有缓解，随着石油资源日渐短缺，天然橡胶作为一种战略性物资，至少需要保留一部分天然橡胶资源，以供紧急时期中国的军事工业和重点工程之需。基于居安思危的考虑，中国天然橡胶的来源也不能完全依赖于进口。

5.4.2.3　有利于发挥比较优势

中国的热带、南亚热带区域里有适宜种植热带、南亚热带作物的土地达 3 亿多亩，目前仅利用约 1.2 亿亩，尚有 60% 可利用的荒山、荒坡、荒地[1]。橡胶林所利用的土地，大部分是其他热带作物所不能利用的、生态环境质量相对较差的山地，它能最有效地利用非常宝贵的热带资源。

目前，中国天然橡胶产业在橡胶树品种良种化、橡胶栽培、胶园抚育管理、刺激割胶技术推广应用、胶木利用等方面的技术已跻身世界先进水平，天然橡胶产业的国际竞争力不断加强。

一是通过引进和选育相结合的方法，后培育出了热研 7–33–97 等为代表的适合中国自然环境条件，具有抗寒高产、抗风高产和抗病高产的橡胶品种。各级推广品种 14 个，小规模推广品种 31 个，且许多品种的产量指标已达到或超过国外优良品种的水平，为中国大面积栽培产量高、抗性强的橡胶品种奠定了基础[2]。

二是在育种方法上，在许多领域处于国际先进水平，其中橡胶树产量苗期预测法、橡胶花粉及花药离体培育技术、橡胶树抗寒品种、橡胶树稳定三倍体的培育方法等均达到世界领先水平。

三是在种质资源收集和保存方面，中国在 20 世纪 60 年代引进了大量国外优良品种，有力地推动了中国植胶业的迅速发展。截至 2003 年年底，中国

① 农业部南亚热带作物中心 . 全国热带、南亚热带地区概况 . http://www.troagri.com.cn/. 2009–06–30.
② 中国热带农业科学院橡胶研究所 . 国家橡胶树育种中心 . http://rri.catas.cn/kypt/gjxjsyzzx.asp.

已成功引进并保存了巴西橡胶树种质资源 6 个（变）种 6 000 余份，其中 1981 年的 IRRDB 野生巴西橡胶树种质资源 5 710 份，国内栽培种质 245 份，国外栽培种质 90 份。从中筛选和培育出抗风高产、抗寒高产等品种 100 个以上，而且有 10 个品种得到大规模推广种植①。今后还将加强与玛瑙斯、马来西亚及科特迪瓦 3 个国际橡胶树种质中心的合作，继续从国外引进优良品种，为培育抗寒、抗病、耐旱的橡胶树品种提供种质资源。

四是在栽培技术方面，通过多年的研究与实践，建立了具有中国特色的橡胶科学技术体系，研究和总结出了一整套适应中国气候条件的橡胶树栽培管理方法，在橡胶树无性系高产技术措施，橡胶树丰产栽培割胶与加工技术、橡胶树配方施肥技术等方面取得了丰硕的成果。

五是在推广应用方面，由于在全国植胶区大力推广应用低频乙烯利刺激割胶制度和扩岗割胶，使割胶生产率得到前所未有的提高，在广度和规范化上走在其他植胶国家的前面。

六是将信息技术应用于橡胶树生长、测土配方施肥等方面，并开展了天然橡胶预警预报工作，定期发布国内外生产形势、市场价格，提出相应的对策建议，为产业的健康发展起到积极指导作用。

5.4.2.4 有利于边疆的社会繁荣与稳定

目前，中国约有 300 万人在橡胶树种植加工业，以及提供科技、生产资料服务、运销业、设备制造业等相关行业就业。在中国天然橡胶的集中产区，天然橡胶产业已成为当地改善环境、普及科技、培养人才、安置就业、脱贫致富和稳定社会的特殊产业，天然橡胶产业不仅已经成为促进当地经济发展的支柱型农业产业，而且成为一些少数民族地区、边疆地区及西南山区财政收入的主要来源和当地群众和农场职工脱贫致富的重要手段。天然橡胶产业为维护国家安全，增强民族团结，促进国民经济发展，增加就业机会，繁荣热区、边疆的经济和维护社会稳定做出了重大贡献。

5.4.2.5 有利于热区生态环境保护

科学研究表明，在所有的人工农林生态系统中，橡胶林被联合国粮农组织誉为世界上最佳的经济林和人工生态系统，在所有农业 – 森林作物系统中，

---

① 中国热带农业科学院橡胶研究所. 国家橡胶树种质资源圃. http://rri.catas.cn/kypt/gjxjszzzyp.asp.

橡胶林的树冠覆被意义、落叶和养分循环等方面与热带雨林系统最接近，是无污染可再生的自然资源，是一种稳定的可持续的生态系统。橡胶树的产胶过程是一个生物合成过程，它不产生污染，不消耗石化能源，是一项可持续的生产活动。

5.4.3　战略选择的可行性

5.4.3.1　中国有发展天然橡胶的热带土地资源

中国拥有宜胶地 90 余万公顷，这是许多发达国家（包括天然橡胶消费大国）如美国和日本等不具备的。到目前为止，中国还有一小部分天然橡胶树宜植地，主要分布在少数民族聚居区，是不适宜种植粮食的荒山荒坡。这些地区的开发，不仅能够改善水土流失，提高森林覆盖率，而且还有巨大的扶贫功能。

5.4.3.2　有一定的产业基础

目前，中国天然橡胶树种植水平居世界前列，依靠科技进步，橡胶树品系改良和物质投入还可以大幅度提高单位面积产量。同时，还有经验丰富的人才资源和人才储备，有利于产业的创新发展。

5.4.3.3　有较强的科技创新能力

在马来西亚、中国和法国（科特迪瓦）3 个天然橡胶科技大国中，中国虽然起步较晚，但已有一支产学研紧密结合的科研、教学、推广队伍和比较完善的质量监测体系。中国天然橡胶产业在依托热带北沿大面积栽培技术、橡胶书木材改性综合利用技术和割胶制度改革等方面实现了 3 次飞跃，在品种培育、橡胶树栽培技术、采胶技术、病虫害防治技术等方面已经跻身世界领先或较先进水平。

下面就以马来西亚、中国和法国（科特迪瓦）为例来进行对比。

一是总体科技水平方面，马来西亚领先，法国（科特迪瓦）水平较高，中国水平一般。

二是科研开始时间方面，马来西亚和法国（科特迪瓦）均开始于 1920 年，中国开始于 1950 年。

三是平均年科技投入方面，马来西亚和法国（科特迪瓦）均很大，中国较少。

四是单位面积产量水平方面，以法国（科特迪瓦）为最高，中国次之，马来西亚一般。

五是基础研究方面，马来西亚和法国（科特迪瓦）均为国际领先，而中国1990年以前在许多领域领先，目前相对落后。

六是橡胶选育种方面，马来西亚和法国（科特迪瓦）均为国际领先，而中国总体相对落后，个别领域先进（如抗风、抗寒育种等方面）。

七是栽培技术方面，马来西亚和法国（科特迪瓦）均一般，而中国在此方面处于国际先进水平，尤其是抗灾栽培技术、丰产栽培技术等方面。

八是采胶技术方面，马来西亚处于国际领先水平，中国接近于国际先进水平（如乙烯利刺激采胶技术方面），而法国（科特迪瓦）一般。

九是病虫害防治技术方面，中国接近国际先进水平，如白粉病预测预报和防治技术等，而马来西亚和法国（科特迪瓦）均一般。

十是产品初加工技术方面，马来西亚居于国际领先水平，法国（科特迪瓦）居先进水平，而中国在个别方面领先，总体落后。

十一是产品质量监督方面，马来西亚居于领先水平，而中国和法国（科特迪瓦）居先进水平。

十二是经营管理方面，马来西亚和法国（科特迪瓦）均居先进水平，而中国在此方面较为落后。

可以预见的是，随着目前正在进行的胶木兼优新品种和微创技术的产业化开发利用，中国天然橡胶产业的第四次飞跃也指日可待，竞争优势将逐渐加强。

5.5 影响中国天然橡胶供给安全的因素

影响中国天然橡胶供给安全的因素极为复杂，包括世界天然橡胶价格波动、天然橡胶生产的自然条件、中国国情、科技创新、产业政策、粮食安全以及争地热区经济作物等诸多方面。

5.5.1 世界天然橡胶价格波动

经济学中，当供求决定价格、价格引导生产、生产改变供求状况时，经济中就会出现一种周期性波动。商品的价格和产量的连续变动具有规律性，因其图形表示犹如蛛网，所以称为蛛网理论。

蛛网理论研究的主要产品，从生产到上市需要较长的生产周期，并且生产规模一旦确定，在生产过程中不能改变，市场价格的变动只能影响未来一个周期的产量，而当期的产量取决于之前一个周期的价格，当前价格决定未来一个周期的产量。

蛛网理论最适合解释农产品，其市场价格变化仅反映目前的供求情况，而无法反映未来一定时期内供求关系可能发生的变化。农户只是以目前的市场价格来安排下一阶段的生产。正常情况下，本期的生产规模决定了下一期的产量规模。农户倘若总是以现有的市场价格为标准来预期未来的收益，往往陷入"蛛网困境"，虽然产量增大，但是收入减少，始终无法赶上市场的变动节奏[1]。

蛛网理论也适用于作为四大战略工业原料之一的天然橡胶。世界天然橡胶价格的大幅波动给世界天然橡胶的生产带来巨大冲击。不过当前的全球金融危机，与十年前的亚洲金融风暴不同之处在于，现在天然橡胶市场的主导权和天然橡胶的定价权牢牢掌握在国际橡胶联盟手中，国际橡胶联盟为了维护自己的尊严和利益，竭尽全力拯救天然橡胶价格，维护橡胶市场稳定。国际橡胶联盟在加快更新、削减产量、减少出口、扶助胶农等方面达成共识，国际橡胶联盟三国决定更新254万亩，这样既策应减产，又减少停割面积，同时又可以借助低价期培育出一大批新胶园[2]。目前，全球天然橡胶消费量将近1 000万吨，供给不足形成的供求平衡格局仍然没有改变，就算目前的需求不再增长，光满足业已形成的需求规模也要做很大努力。

许多中国的天然橡胶生产经营者无法正确把握天然橡胶市场行情趋势，同时又无市场避险手段和价格引导机制。而天然橡胶种植周期长，一旦价格出现暴跌，将会疏于抚管，粗放经营，制约天然橡胶产业的可持续发展。

作为农产品，天然橡胶的生产具有季节性，因此现货价格的波动具有明显的周期性。同时，天然橡胶国际市场价格也受到世界经济发展水平、国际橡胶联盟价格控制、替代品的生产及使用情况、主要用胶行业的发展情况、汇率、

---

① 赵秀艳. 内蒙古西部地区马铃薯营销战略研究［D］. 呼和浩特：内蒙古大学，2005.

② International Rubber Consortium Limited. Malaysia Government to Assist Smallholders Replant Rubber, Oil Palm. http://www.irco.biz/News_detial.php?id=1188，2009-2-3.

政治因素等因素的影响^①。

5.5.1.1　世界经济发展水平

世界经济发展水平对天然橡胶市场的影响是毋庸置疑的，与天然橡胶的消费有直接关系，而与其国际价格有间接关系，经济发展水平影响天然橡胶国际市场供需情况，进而影响天然橡胶价格。

直观地看，世界经济发展同天然橡胶消费具有同向的关系。世界经济发展快，天然橡胶的需求增加，导致胶价上涨；反之，世界经济发展速度减缓，降低对天然橡胶的需求，胶价下跌。

在胶价高企的情况下，各国都会根据自身情况，采取措施降低天然橡胶消耗。天然橡胶价格高企对发达国家和发展中国家的影响程度是不一样的，发达国家经济发展对天然橡胶的依赖程度越来越小；而发展中国家经济发展对天然橡胶的需求表现出强烈的依赖，如中国、巴西和印度等新兴经济体国家近年来经济发展速度加快，对天然橡胶的需求也增加了，促使胶价上涨。

5.5.1.2　国际橡胶联盟对国际天然橡胶的价格控制

长期以来，世界天然橡胶定价权由西方主要消费国控制，打压胶价成为其取得高额利润的主要手段，严重损害广大胶农的利益，阻碍天然橡胶产业的发展。尤其是1997年的亚洲金融风暴对橡胶产业的冲击，东南亚各产胶大国经济遭受重创，使得天然橡胶价格迅速下跌，2001年12月国际胶市产销区胶价已下跌至近30年以来的低点，世界天然橡胶产业面临生死抉择。以马来西亚为例，由于转产、停产等多种原因，该国天然橡胶产量曾从110万吨下降到53.4万吨^②。

随着世界经济的日益一体化，为避免彼此之间的恶性竞争，国际上主要产胶国之间也逐步形成天然胶价格同盟，例如在20世纪70年代，由多国政府支持的国际天然橡胶机构曾一度试图联合主要生产国和供应商，以调控天然橡胶价格。面对这种挑战，为维护产胶国切身利益，泰国、印度尼西亚、马来西亚三国在逆境中共同策划了影响全球天然橡胶产业的一场大变革。2002

---

① Khin A A, Mamma Z, Nasir S. Comparative Forecasting Models Accuracy of Short-term Natural Rubber Prices [J]. Trends in Agricultural Economics, 2011, 4（1）: 1-17.

② 邢民. 高台跳水，雾里看花（2008年天然橡胶市场综述）. http://www.e-hifarms.com/, 2009-01-21.

年 4 月，泰国、印度尼西亚和马来西亚就达成联手保价协议，三大产胶国达成共同减少 10% 出口额及 4% 生产额的共识。2002 年 8 月，国际三方橡胶理事会（International Tripartite Rubber Council，ITRC）正式成立，随后越南、斯里兰卡等国又加入该组织。2003 年 3 月 8 日，在泰国的积极推动下，在印度尼西亚巴厘岛开会，宣布即将成立国际橡胶联盟（International Rubber Consortium Limited，IRCo），联手干预国际天然橡胶价格，承诺给胶农 1 100 美元 / 吨的保护价，以保护胶农的利益，降低天然橡胶生产的风险。10 月 8 日，三国正式签署协议，合资成立了国际橡胶联盟（IRCo），并于 11 月 15 日正式运行。2004 年 8 月 8 日三国在印度尼西亚的巴厘岛签署协议，决定成立联合橡胶集团，目的在于垄断天然橡胶供应，调控国际胶价，保护产胶国经济利益等。胶价一旦大幅下跌，三国政府就将之前收取的保护基金统一交给国际橡胶联盟整体运作，采取库存收储或产量限制等方式抑制胶价下跌；在低价时对天然橡胶进行收购，高价时抛出，从而显著增加国际橡胶联盟对天然橡胶国际价格的干预能力，保护三国利益。国际橡胶联盟的成立，开创了全球天然橡胶产业发展的新纪元①。

国际橡胶联盟成功运作不久，吸引了越南、印度（尽管越南和印度两国至今不是国际橡胶联盟成员，但一直与国际橡胶联盟成员国采取统一行动）收入旗下，这样全球天然橡胶资源的 90% 以上掌控在联盟手中，驾驭市场的能力进一步加强，促使胶价持续上涨，国际胶价从谷底的每吨 473 美元上升到 2008 年 7 月的 3 300 美元，五年涨了近 7 倍②。2008 年下半年以来，由于国际胶价大幅暴跌，国际橡胶联盟的市场操作明显加强，当年 12 月底成员国协议在 2009 年将通过重植及其他措施削减天然橡胶市场供应量 91.5 万吨，并且计划在国际橡胶价格从目前位置反弹幅度低于 25% 之前禁止更多橡胶销售，以支撑胶价。根据协议，泰国 2009 年第一季度将削减 13 万吨的出口，印度尼西亚和马来西亚分别减少出口 11.6 万吨和 2.2 万吨③。2019 年 12 月 5 日，国际三方橡胶理事会（ITRC）声明该组织成员（泰国、印度尼西亚和马来西

① International Rubber Consortium Limited. Company Profile. http://www.irco.biz/profile.php.

② 天然橡胶价格暴跌的思考 .http://www.e-hifarms.com/, 2009-11-21.

③ International Rubber Consortium Limited. IRCo's January Rubber Exports Stay within Quota. http://www.irco.biz/News_detial.php?id=1288,2009-3-6.

亚）正在考虑采取更多出口限制措施，以稳定橡胶价格，将采取一项名为"同意吨位出口计划（Agreed Export Tonnage Scheme，AETS）"的橡胶出口限制措施，该计划在2019年早期被国际三方橡胶理事会（ITRC）通过，成功削减441.648吨橡胶出口量，而其削减产出目标为240 000吨。

5.5.1.3 天然橡胶替代品的生产及使用情况

（1）合成橡胶的生产和使用情况

合成橡胶是天然橡胶的替代品（在某些产品上），被广泛应用于工农业、国防、交通及日常生活中。当天然橡胶供应紧张价格上涨时，合成橡胶销售量和消费量就会增加，两者的市场地位存在很强的互补性。近年来全球合成橡胶的消费量在逐年增加。近年来，合成橡胶产销量增大的原因在于天然橡胶需求增大造成天然橡胶的价格迅猛上涨，从而加大了对于天然橡胶替代品合成橡胶的需求。

中国对合成橡胶的需求量也在增长，2003年中国开始超过美国和日本，成为世界上最大的合成橡胶消费国[1]。

2006—2010年中国合成橡胶需求量的年均增长率为6%，2010年中国的合成橡胶产量达到321万～355万吨，同期需求量增长为235万～259万吨[2][3]。

（2）合成橡胶的生产原料使用情况

合成橡胶属石化类产品，主要原料是原油，原油价格会直接影响合成橡胶的价格。原油价格上涨，会导致合成橡胶的生产成本加大，使合成橡胶价格上涨；而在合成橡胶价格明显偏高的情况下，用胶企业必然会增加天然橡胶的使用量，减少对合成橡胶的依赖，从而推动天然橡胶价格上涨。因此天然橡胶与石油价格基本上维持一个比较合理的水平上，价格起降会互相影响，但都不是绝对的。倘若分析天然橡胶价格与合成橡胶价格之间的关系，必然涉及天然橡胶国际价格与原油价格之间的动态关系。

国际原油价格上涨推动国际合成橡胶价格上涨，也间接推动天然橡胶价格

---

① 中国产业经济信息网.2010年我国将成为合成橡胶净出口国.http://www.cinic.org.cn/, 2006-12-29.

② 北京正点国际投资咨询有限公司.中国合成橡胶行业"十一五"回顾及"十二五"规划投资分析及预测报告.http://www.e9898.com/info/img_xiangxi1653107.html, 2011-03-18.

③ 苏婷.2010年我国将成为合成橡胶净出口国 [N].中国石化报, 2006-12-27.

上涨。

（3）复合胶的使用情况

中国近年来复合胶进口量呈逐年上升的趋势，目前已达到年均 60 万吨以上。复合胶大量进口的同时，一般贸易的天然橡胶进口数量却相对停滞不前甚至逐年减少，使天然橡胶一般贸易关税形同虚设，在一定程度上挤占了天然橡胶一般贸易份额，给国内天然橡胶销售市场造成很大的冲击。

因此，必须逐渐缩小一般贸易进口的天然橡胶和复合胶的进口税率差距。可以适当增加复合胶的关税税率，同时适当降低天然橡胶一般贸易关税税率，逐渐缩小两者之间的税率差距。经综合分析，当复合胶税率与一般贸易进口的天然橡胶相同甚至高 4 个百分点左右时，绝大部分用胶企业不会选择复合胶，而是选择一般贸易进口的天然橡胶。此外，还需严格执行混合胶的国家标准明确其天然橡胶含量，防止以此名义大规模零关税进口。

（4）走私胶的使用情况

走私胶的主要品种是越南 3L 和披着替代种植外衣，实际是从缅甸进口的烟片胶，尤以与中国国产五号标胶相近的越南 3L 胶为多，均以各种非正常渠道，从中越边境的口岸流入中国天然橡胶市场，已对国内市场造成极大的冲击[①]。走私胶在严重挤占了国产胶市场份额的同时，直接影响了国产胶销售价格，当越南处于割胶旺季时，3L 胶大量进入中国，因其价格低廉而使国产五号标胶销量寥寥。

因此为了维护中国天然橡胶市场的稳定，保护中国天然橡胶产业，使其健康正常发展，必须严厉打击走私胶。

5.5.1.4　主要用胶行业的发展情况

用胶行业的发展情况也是影响天然橡胶价格的重要因素，目前轮胎制造业是最大的需求客户，可以说轮胎行业的景气程度直接影响天然橡胶市场。同理，汽车工业的发展也是严重影响天然橡胶的价格。

5.5.1.5　汇率

天然橡胶主要生产国都是以美元报价，美元的汇率变动必然会直接引起天然橡胶价格的变动。当美元贬值、天然橡胶收益下降的情况下，由泰国、印

---

① 刘建玲. 国产天然橡胶销售市场面临的形势及对策建议［J］. 中国热带农业，2008（6）：4-8.

度尼西亚和马来西亚三国组成的国际橡胶联盟（IRCo）通常以抬高天然橡胶价格维持其利润。因此，美元贬值从某种程度上会推动天然橡胶国际价格的上涨。

5.5.1.6　重大政治与经济事件

作为重要的战备物资，天然橡胶对重大政治和经济事件的发生有着敏锐甚至强烈的反应。重大政治和经济事件主要是指国际范围内的突发事件以及将要发生的重大事件。虽然历史上还没因为天然橡胶发生大的战争，但任何一次突发性的政治与经济事件都会不同程度地影响天然橡胶国际价格[①]。

典型的重大政治事件就是泰国南部 2004 年 1 月发生的暴乱，持续达 18 个月，导致泰国南部不能正常割胶，产量下降，供给减少，从而使国际价格上扬。

典型的重大经济事件就是 1997 年的亚洲金融风暴和 2008 年的全球金融危机。受 1997 年的金融风暴影响，天然橡胶国际价格一直下降，在 2002 年，降到历史最低点，为 22 美分 / 磅；受 2008 年全球金融危机的影响，天然橡胶市场受到了严重的冲击，国际胶价也从 7 月的每吨 3 300 美元，下跌至年底的每吨 1 140 美元。

综合分析天然橡胶国际价格形成因素，可以看出是基本供求关系决定长期走势，各种非供求因素也对国际价格起作用，而且各个因素之间可能互为因果关系，只有对各种因素的影响及其作用方式进行综合分析，方能对天然橡胶国际价格走势做出相对正确的判断。

5.5.2　天然橡胶生产的自然因素

橡胶树是多年生树木，生长需高温多雨的环境，适宜在热带地区栽培。适宜割胶的胶树通常要有 5 ～ 7 年的树龄，一般可采集 25 ～ 30 年，因此可用于割胶的胶树数量短时期内无法改变，市场变化周期较长。所以品种和种苗质量的影响是长期的，一旦种植劣种劣苗，其损失极大且长期。

短期内，天然橡胶国际价格不但受生产周期的影响，也受天气变化影响。虽然胶树整年都可割胶，但其产量会随季节而变动。一般每年割胶季节是从

---

① 张洁. 天然橡胶市场服务营销策略研究 [D]. 青岛：中国海洋大学, 2008.

4—11 月，6 月为割胶旺季，由于新胶上市，胶价不断下降，但 11 月至翌年的 3—4 月停割时，国际价格开始逐渐回升。如果在割胶季节遇上恶劣天气，由于影响割胶而降低天然橡胶产量，也会导致国际价格上涨。例如，1972 年从海南文昌登陆的台风使得海南损失了 1/4 的橡胶林；1973 年从琼海登陆的 17 级台风刮走了整个琼海市的橡胶林，当年的经济损失达到 10% ～ 20%；从 2004 年 9 月至 2005 年 5 月，海南遭受罕见大旱，导致橡胶树无法抽叶，海南岛西部的红林、红田、红岭、八一等农场近 30 万亩胶林无法开割，海南农垦植胶区也因连续自然灾害，产量受到极大影响；2005 年强台风"达维"横扫琼岛，1/3 的胶树受到不同程度影响，干胶产量锐减至 16 万吨左右；2008 年初遭受"50 年不遇"的寒害影响，海南橡胶推迟 45 天开割，以致产量下降，根据科学测算，这次寒害造成的实际损失达 4.5 万吨[①]。

另外，病虫害因素也会影响天然橡胶树的生长，导致胶树死亡，从而影响天然橡胶产量，进而拉动国际市场价格上涨。例如，2008 年 2 月在云南的西双版纳出现的长达 10 天的低温阴雨天气，使正处于古铜期向嫩叶期转化的橡胶树大面积暴发白粉病，并快速流行蔓延，加之百年不遇的低温阴雨天气影响到白粉病防治药剂的运输，致使 2008 年西双版纳橡胶树普遍推迟开割 1 ～ 1.5 个月，农垦植胶区全年天然橡胶减产 5 425 吨，损失 1 亿多元人民币；民营植胶区合计干胶减产 9 864 吨，损失 2 亿多元人民币[②]。

5.5.3 科技创新

中国天然橡胶产业能够在自然条件相对比较差的情况下，取得大面积种植成功，很大程度上是由于中国天然橡胶领域科技创新水平的进步。科学技术是推动天然橡胶生产和天然橡胶产业发展的强大动力，大量先进科研成果的研究成功和生产技术的推广应用，使天然橡胶产业的经济效益大幅度提高，是中国天然橡胶产业国际竞争能力进一步提高的重要基础。

科学技术对天然橡胶供给安全的影响主要表现在天然橡胶生产方面，通过科技创新，降低生产成本，提高天然橡胶单位面积产量，增加天然橡胶种植面

[①] 新华网海南频道 . 海南农垦 08 年产胶 15.5 万吨 . http://www.hq.xinhuanet.com/news/, 2009－01－03.

[②] 中橡商务网 . 西双版纳天然橡胶三月份短期气候预测 . http://www.e-hifarms.com/info/, 2009－03－12.

积，增加天然橡胶的有效供给量。中国科学家通过艰苦的努力，在抗性高产品
种选育、割胶制度改革、产品加工、病虫害综合防治、胶园更新、木材利用和
生物技术等方面都取得巨大的成功，研发了抗寒植胶技术，并形成了以海南、
云南、广东农垦为主的三大天然橡胶优势种植区域，这些无疑为中国天然橡胶
生产和发展提供了强大的支撑和保证。

5.5.4　中国产业政策因素

产业政策因素是影响天然橡胶供给安全重要因素之一，主要表现在国家对
天然橡胶资源开发、利用、产品进出口等的政策和规定。

中国天然橡胶产业在世界天然橡胶产业中具有独特的地位。中国生产与消
费的变化对国际市场供求关系和价格的影响很大。

在天然橡胶资源开发和利用方面，中国采取了"保护扶持，巩固提高，适
当发展"的方针。2007年2月13日，国务院办公厅印发了《关于促进我国
天然橡胶产业发展的意见》，进一步明确天然橡胶作为重要的战略物资和工业
原料的战略地位，指出当前中国天然橡胶产业发展存在问题和面临挑战，提
出今后发展中国天然橡胶产业的指导思想、基本原则、发展目标和具体措施，
并且明确提出，到2015年，中国天然橡胶年生产能力达到80万吨以上，境
外生产加工能力达到60万吨以上的目标[1]。依据《国家天然橡胶基地建设规划
（2016—2020年）》及《天然橡胶生产能力建设规划（2021—2025年）》前期研
究，提出了新时期天然橡胶产业发展目标，即到2025年，天然橡胶生产保护
区面积维持在1 800万亩，年生产能力达120万吨以上。

中国的天然橡胶产业从20世纪50年代种植开始，就在不同的历史时期制
定了各种各样的产业政策来支持天然橡胶事业的发展，大体分为生产政策、进
出口政策和价格政策等。

5.5.4.1　生产政策

（1）天然橡胶主植胶区加快开展生产保护区划定工作

根据农业部、国土资源部、国家发展改革委《关于做好粮食生产功能区和

---

① 农业部发展南亚热带作物办公室.全国天然橡胶优势区域布局规划（2008—2015年）[R].北
京：农业部发展南亚热带作物办公室，2008.

重要农产品生产保护区划定工作的通知》要求，在云南、海南、广东拟分别划定900万、840万亩和60万亩天然橡胶生产保护区。2018年，该项工作在云南、海南、广东全面铺开，各省成立领导小组、建立联席会议制度，农业农村部门落实专门经费，多次开展培训和联合督导，预计将于近期完成保护区划定工作。

（2）实施天然橡胶良种补贴

中国从2006年开始实施天然橡胶良种补贴计划，当年中央财政安排了专项资金2 000万元补贴23.1万亩的植胶面积，约占全国当年总面积的1/3。对海南、云南和广东的8市县83乡镇3 517户和54个国有农场的12个天然橡胶品种实行了补贴，并引导农民投入900多万元。同时，海南省和云南省实施的天然橡胶良种补贴项目试点，投入胶农培训资金212万元，培训胶农达10万人次。

实施天然橡胶良种补贴是为了加快天然橡胶良种推广，实现品种与环境类型区域对口使用，逐步提高植胶区良种覆盖率[1]。良种补贴苗木推广进一步规范了苗木市场价格，提高了胶农的积极性和胶园良种化发展速度，更提升了胶园管理水平。

2007年农业部的补贴标准为袋装苗每株3元、裸装苗每株1元，同时要求补贴区域内定植的天然橡胶良种必须达到100%的覆盖率，95%以上的成活率[2]。

2017年，中央财政将支持农业生产的相关补贴资金合并为农业生产发展资金，进一步推进专项转移支付预算编制环节源头整合改革，创新和完善资金管理使用机制，资金采取因素法切块下达到省。中央财政不再专门安排农作物良种补贴资金，各地农作物良种推广工作可以根据需要，从上级和本级财政安排的农业技术推广与服务补助资金中统筹解决。综上，植胶区可以在完成约束性任务的基础上，在大专项任务清单范围内，结合本地农业发展规划和优势特色农业产业布局，根据规定统筹中央和地方资金予以支持。

（3）加大对橡胶基地建设财政资金支持力度

根据《国家天然橡胶基地建设规划（2016—2020年）》，2016—2018年，

---

① 中国新闻社海南分社.中央财政首次安排2000万元补贴天然橡胶良种.http://www.hi.chinanews.com/, 2006-10-19.

② 中国热带农业信息网.农业部办公厅关于印发2007年天然橡胶良种补贴项目实施方案的通知. http://www.troagri.com.cn/, 2007-03-22.

农业农村部会同国家发展改革委累计安排中央预算内资金 6.19 亿元，支持海南、云南、广东垦区橡胶基地基础设施、胶园更新和科技研发等方面建设。其中，累计安排海南财政建设资金 3.96 亿元，建设胶园 25.76 万亩。2017 年，国务院印发《关于建立粮食生产功能区和重要农产品生产保护区的指导意见》（国发〔2017〕24 号），明确划定和建设天然橡胶生产保护区 1 800 万亩。各有关省正在按分解任务进行落实，其中海南省为 840 万亩。下一步，将认真考虑所提建议，会同有关部门加强基地建设，研究谋划天然橡胶生产保护区配套政策，进一步完善激励机制，落实建设保护区主体责任。关于设立橡胶加工升级改造资金事宜，橡胶加工企业应主动适应市场变化，自行进行加工设备更新换代，淘汰落后产能，提升自主经营能力和市场竞争力，中央财政不宜新设立橡胶加工升级改造资金，干预市场公平竞争。

（4）建立天然橡胶产业"走出去"激励政策

为巩固和提高天然橡胶产能，中国鼓励中国企业在国外建设胶园。通过投资新建、参股控股、并购重组等方式在种植、加工、仓储、物流和贸易等环节开展海外布局，积极参与国际合作和竞争，提升两个市场、两种资源的综合运筹能力，培育具有国际竞争力的大型跨国企业。近年来，海南、云南和广东的天然橡胶生产企业走出国门，通过跨国经营，实现了天然橡胶产业的更大发展，并分别在数个东南亚国家建立天然橡胶生产基地[①]。中国国内的轮胎企业也增强了原料控制的意识，前往东南亚邻国，参股当地的天然橡胶种植园或直接投资植胶，建立自己的原料胶供应根据地。

2018 年，农业农村部已安排专项资金支持海胶集团、广胶集团等单位开展天然橡胶"走出去"布局研究和发展规划。下一步，农业农村部将深入贯彻落实《国务院办公厅关于促进农业对外合作的若干意见》精神，建设境外农业合作示范区和农业对外开放合作试验区，为企业搭建境外、境内两个平台。充分利用农业对外合作部际联席会议机制，积极协调相关部委，研究并争取出台财政、金融、保险、税收、通关、检验检疫等方面的支持政策，为天然橡胶等农业企业"走出去"营造良好环境。

---

① 广东农垦信息网 . 橡胶产业 .http://www.guangken.com.cn/.

（5）整合资源推行三化方针

中国三大植胶垦区按照规模化、专业化、产业化发展为主线的组织架构需要，打破原有的分散经营传统格局，整合天然橡胶资源，组建橡胶集团公司，实现集中加工和管理。

5.5.4.2 进出口政策

由于中国天然橡胶基本不出口，进出口政策实际上就是进口管理。同时作为天然橡胶生产国的一员，为了保护中国胶农的利益，在加入世界贸易组织以前，中国一直利用关税和进口配额双重政策限制国外天然橡胶进入中国。

从 20 世纪 50 年代大规模种植天然橡胶以来，中国一直把天然橡胶列为重要的农产品和战略物资，积极扶持该产业的发展。由于中国的天然橡胶生产成本明显高于国际市场，从 1962 年起，中国对天然橡胶作了明确的规定，国产胶价格不与国际市场价格挂钩，进口仅限于弥补国产胶的不足和必要的储备，并且进口数量一直由中央统一控制。并且，天然橡胶的进口经营权在 1988 年以前由中国化工进出口总公司独家经营。同时规定进口橡胶交纳进口关税税率 20%（未建交国家 30%）、增值税税率 15% 和调节税税率 40%。1988 年，国家取消了进口天然橡胶 40% 的调节税税率，将关税税率由 20% 提到 30%。

受边贸的活跃以及假进口胶和走私胶冲击，中国天然橡胶受严重影响，以至中国采取严厉措施，不但对天然橡胶进口实行配额和许可证管理，而且采取高关税的政策。天然橡胶的进口配额受国家计委发放的《重要农产品进口计划配置证明》和外经贸部发放的《中华人民共和国进口许可证》的双重管理。中国对进口天然橡胶分为三类：来料加工类，实行零关税，并于 1999 年 10 月 1 日开始不受配额许可证限制；限制流向和用途类，1997、1998 年为 5% 关税，1999 年调整为 10%；一般贸易类，在 2000 年以前的关税为 25%[①]。2000 年 1 月 1 日起，中国正式设立进口天然橡胶的"配额内税率"，2002 年起，配额内关税税率为 20%，配额外最惠国关税税率为 25%，许可证普通关税税率为 40%。

---

① 中国橡胶编辑部.影响我国天然橡胶期货价格波动的主要因素分析［J］.中国橡胶，2004，20（7）：26-27.

根据中国加入世界贸易组织的有关承诺，入世后天然橡胶进口配额量以1999年实际进口的42.9万吨为基数，每年递增15%，即2000年配额量42.9万吨，2001年配额量49.3万吨，2002年配额量56.7万吨，2003年配额量65.2万吨。配额内进口标胶的最低税率20%、乳胶10%，且标胶20%关税税率年最终准入量为56万吨；配额以外的最惠国税率为25%。在许可证管理范围内，普通关税税率为40%。"三来一补"的企业在进口天然橡胶时仍然实行零关税。同时，天然橡胶的非关税措施如绝对配额管理、进口许可证、指定经营到2004年1月1日取消。关税约束税率从2002年起全部为20%。

以下的表5-2和表5-3显示了中国承诺的加入世界贸易组织后天然橡胶的关税和非关税措施。

表5-2　中国承诺的天然橡胶各种税号产品关税税率　（单位：%）

产品	2000年	2001年	2002年	2003年	2004年及以后
天然浓缩胶乳	20	20	20	20	20
烟片胶	23.3	21.7	20	20	20
标准橡胶	20	20	20	20	20
其他	20	20	20	20	20

表5-3　中国承诺的天然橡胶非关税措施　（单位：万吨）

项目	2000年	2001年	2002年	2003年	2004年及以后
进口配额量	42.9	49.3	56.7	65.2	放开
指定经营	实行	实行	实行	实行	放开
进口许可证	实行	实行	实行	实行	放开

2007年1月1日起，关税政策制订部门根据国家宏观调控政策的基本走向和国内经济运行的实际情况，采取暂定税率的形式对部分进出口商品的税率及税则税目进行了适当调整，其中就包括对天然橡胶产品实行选择税，即对天然橡胶（包括烟片胶和标准胶）在20%从价税和2 600元/吨从量税二者中，从低计征关税；对天然胶乳在10%从价税和720元/吨从量税二者中，从低计征关税。

比较加入WYO前后中国天然橡胶外贸管理制度的变化，归纳起来有三个方面。一是管理制度发生变化。在过渡期内，配额管理由 2000 年和 2001 年的关税配额转为绝对配额，进口许可证、指定经营管理方式不变，2004 年后全部放开。二是管理方式发生变化。按照世界贸易组织非歧视原则，中国将规范边境小额贸易和进料加工贸易，逐步取消给予边境小额贸易的关税和增值税减半的优惠政策，规范进料加工贸易免税方式。在过渡期内加工贸易将纳入配额总量管理范围。三是关税税率发生变化。配额内关税税率由天然浓缩胶乳的5%，烟胶片、标准橡胶等天然生胶产品的 12% 全部转为统一的约束关税 20%。

调整天然橡胶出口退税率和进口关税。2018 年 9 月 5 日、10 月 22 日，财政部、税务总局两次发出通过，自 2018 年 11 月 1 日起提高部分产品出口退税率。其中，轮胎、橡胶管带、橡胶制品等产品出口退税率由 9% 提高到 13%，天然橡胶、合成橡胶等原材料出口退税率由 5% 提高到 10%。2018 年 12 月25 日，财政部发布"2019 年进出口暂定关税等调整方案"，将从 2019 年 1 月1 日起对部分商品的进出口关税进行调整。其中，对加入亚太贸易协定国家的烟胶片、其他初级形态天然橡胶中征收 17% 的进口关税。

5.5.4.3 价格政策

国产天然橡胶初产品，属于国家一类统配管理物资，从 20 世纪 50 年代起至 80 年代初全部由国家统一收购、统一销售、统一定价，干胶 7 050 元 / 吨，1962 年调整为 6 080 元 / 吨，一直执行到 1989 年国家实行双轨制，即指令性价格 6 080 元 / 吨，指导性价格 8 600 元 / 吨，计划外价格 9 700 元 / 吨，后价格并轨为 8 100 元 / 吨，1992 年调整为 7 536 元 / 吨；1995 年改为中准出厂价格 14 500 元 / 吨允许上下浮动 15%；随后因国际市场价格下跌和改革开放，价格随行就市，彻底市场化。

5.5.4.4 通过农业保险为天然橡胶产业提供保障

（1）将橡胶树风灾指数保险纳入中央支持的政策险种

目前，中央财政补贴政策性农业保险标的涵盖天然橡胶在内的种、养、林三大类 15 个品种。2017 年，天然橡胶自然灾害保险面积 435 万亩，中央财政保险补贴 1.36 亿元，在维护胶农基本收入和恢复再生产等方面发挥了重要作用。根据《中央财政农业保险保费补贴管理办法》提出的"有条件的地方可稳步探索以价格、产量、气象的变动等作为保险责任，由此产生的保险费，可由地方财政部门给予一定比例补贴"要求，中央财政鼓励和支持保险机构和地方积极探索开展橡胶树风灾指数保险等创新产品，按照事权和支出责任相适应的原则，海南省级及以下财政可给予一定的保费补贴等支持，以建立多层次的农业保险体系，满足农户多样化的农业保险需求。目前，国务院有关部委支持人保财险公司，已在海南开发并实施了橡胶树风灾指数保险产品，累计为 95.63 万株橡胶树提供风险保障 1.25 亿元，为广大胶农提供了高效的台风灾害转移手段。但橡胶树风灾指数保险尚处于探索起步阶段，暂不具备在全国范围内实施的条件。下一步，我部将积极配合有关部委，结合农业保险工作实际、海南试点经验、各级财力状况等情况，研究对橡胶树风灾指数保险的中央财政"以奖代补"政策，完善农业保险保费补贴制度。

（2）在海南设立专项资金支持实施橡胶收入保险

根据 2018 年中央一号文件要求，2018 年中央财政安排专项资金支持稻谷、小麦、玉米的完全成本保险和收入保险试点工作，目前暂无专项资金支持其他作物开展完全成本保险和收入保险。今后，在总结试点经验的基础上，视中央财政承受能力有望逐步扩大实施范围。银保监会已引导保险机构在海南探索开展了天然橡胶"保险＋期货"试点和收入保险试点，合计为逾 5 600 户胶农种植的 7.86 万亩开割胶园提供收入风险保障 549.06 万元。云南则由中信建投期货联合人保财险云南省分公司、重庆商社化工下属橡胶加工厂，在国家级贫困县云南勐腊县成功启动天然橡胶"保险＋期货"精准扶贫试点项目，该项目规模为 1 000 吨，创新性采用"现货保底收购＋保险＋期货"模式，由重庆商社化工给胶农定保底收购价，比市场价溢价约 10% 保底收购，再通过购买保险公司的价格保险，规避价格下跌风险，保险公司则通过期货公司风险管理公司的场外期权转移风险。农业农村部把天然橡胶纳入完全成本保险和收入保险试点作物范围，下一步，将加强与有关部委的协调，优先在粮食生产功能区和重要农产品生产保护区范围内探索农产品价格和收入保险试点，加快天然橡胶生产保护区农业保险全覆盖进程。

5.5.4.5 完善天然橡胶收储政策

2016 年，国务院出台相关文件，对提高储备防风险能力、从供给侧优化储备结构、提升储备效率效能、构建新型储备体系作出明确部署，其中国家储备品种包括天然橡胶。储备体系由中央政府储备、地方政府储备、企业社会责任储备（义务储备）、企业商业储备（生产经营库存）4 个层级构成，形成多元主体、互为补充的机制。按照事权和支出责任相适应原则，中央政府储备收储资金主要通过政策性贷款中央财政贴息方式保障，收储动用轮换和日常管理、监督所需费用由中央财政负担，储备动用盈亏由中央财政统一负担；地方政府储备支出由地方各级政府分级保障；企业社会责任储备（义务储备）和企业商业储备（生产经营库存）支出由企业承担，引导鼓励社会资本参与。下一步，有关部门将继续推进国家物资储备管理体制改革，完善包括天然橡胶在内的战略物资储备管理运行机制，夯实防范与应对战略物资供应风险的物质基础。

5.5.4.6　落实天然橡胶纳入公益林补助政策

目前，中央财政和地方财政均建立了森林生态效益补偿制度，分别支持国家级公益林和地方公益林的保护管理。2016 年起，中央财政将橡胶种植、抚育分别纳入了造林补助和森林抚育补助范围，累计安排天然橡胶造林、抚育补助1.5 亿元。同时，将植胶区符合《国家级公益林区划界定办法》的橡胶林划入了国家级公益林，安排了中央财政森林生态效益补偿资金。对不符合《国家级公益林区划界定办法》的其他橡胶林，如符合地方公益林界定标准，可按相应制度纳入管理范畴，享受地方生态效益补偿政策。对既不符合国家级、又不符合地方公益林区划界定标准的橡胶林，仍按经济林管理，不能享受公益林补助政策。

5.5.5　其他主要产胶国的产业政策

天然橡胶生产国政府的生产政策会影响中国的天然橡胶供给走势。综观世界橡胶发展史，世界各主要产胶国政府都在不同时期根据国内外的实际情况，对天然橡胶的生产和产品的销售，在不同时期均采取了多种保护、扶持的具体政策，鼓励和促进该国天然橡胶产业的良性发展。

以下是世界主要天然橡胶生产国对天然橡胶的生产和产品的销售所采用的保护和扶持政策。

5.5.5.1　泰国

泰国是目前世界上最大的天然橡胶生产国和出口国，并连续多年保持产量及出口量世界第一的霸主地位。这缘于泰国政府的政策支持。

泰国对天然橡胶生产所采取的主要政策与措施如下。

（1）设立胶园更新援助办公室

泰国政府自 1960 年就颁布了《橡胶更新基金条例》，并成立了胶园更新援助办公室，其主要职责就是履行胶园更新计划，向胶农提供良种、生产投入基金、种植技术培训[①]。

（2）多方筹措资金，增加天然橡胶投入

泰国天然橡胶的生产到销售过程中，每1千克提取0.9泰铢用于天然橡胶的种植、开垦和更新、管理与科研，其中90%作为低产老胶园的更新补助，5%作为行政费用，5%作为研究经费。

（3）指导价收购天然橡胶

当国际市场胶价下跌，市场不稳定时，泰国政府为了保护胶农利益，以指导价格（即保护价），收购天然橡胶。

（4）建立胶农合作社

政府把胶农以合作社的形式组织起来，共同抵御经营风险，协调胶农之间的关系，维护公平合理的价格和农户的共同利益，建立市场机制，而加入合作社只要每年按时交纳会费（约合100元人民币），许多日常事务就都可以由合作社负责解决。

（5）保证优良种苗的供应

泰国更新和扩种所需的橡胶品系由泰国橡胶研究中心推荐，种苗以低售价甚至免费提供给胶农。为确保种苗的优良化、标准化，未经所属系统批准，任何人都不得经营橡胶种苗。

（6）加强技术培训

泰国的橡胶研究中心和胶园更新援助办公室负责强化小胶园主的技术培训，每年约培训1万人[②]。

总的看来，泰国政府对橡胶产业的重视程度是相当高的，而经营橡胶的企业几乎没有社会负担，没有更多的税费且政策优惠[③]。

---

① 上海期货交易所.全球天然橡胶生产消费市场发展及其风险管理［R］.上海：上海期货交易所，2005.

② Pranee Pathanasriskul, Sutat Suravanit. Rubber Learning Centers Oriented by Farmers' Participation in the North and North-East of Thailand［R］. Siem Reap Cambodia.IRRDB, 2007.

③ Sayamol Kaiyoorawong, Bandita Yangdee. Rights of rubber farmers in Thailand under free trade［R］. Bangkok: Rubber Research Institute of Thailand, 2007.

5.5.5.2 印度尼西亚

印度尼西亚是世界上橡胶投产面积最大的国家，也是世界上天然橡胶生产潜力最大的国家之一。天然橡胶是该国农业出口创汇中仅次于棕榈油的第二大出口创汇产业，生产天然橡胶有重大的社会经济意义。为了加大天然橡胶业的发展力度，印度尼西亚政府采取的主要政策与措施有以下几个方面。

（1）政策保证天然橡胶种植

为了稳步提高就业率、收入、相对优势和经济效益，印度尼西亚在 2005 年底制订了国家发展计划，目的是振兴农业、渔业和林业。为支持该计划，该国的农业部在 2006 年中期制订了国有农作物发展计划，主要目标是扶持小农场主的种植，包括新种植、翻新种植和恢复生产三大主要农作物（棕榈树、橡胶和可可豆）。

2000 年，印度尼西亚政府发布了一套明确的翻新种植政策，旨在提高小胶园天然橡胶的产量，用于应对国际市场对天然橡胶的需求[①]。该政策当时计划有 25 万公顷的小农场将被翻新种植，还有分散在 14 个省份 5 万公顷的新的小农场也欲在 2006 年以后的 5 年内翻新种植；为胶农创造 12 万个就业岗位；每年为每个家庭增加 1 500 美元的收入；增加橡胶出口值；支持国家胶木供给；国家银行对必要的投资提供信贷服务。同时，还制订了一系列有关贸易、胶园发展、加强信息系统和下游工业投资的相关政策[②]。

（2）启动天然橡胶产业扶持计划

2000 年以来，印度尼西亚增加了天然橡胶种植和管理的投入，开始重视老胶园改造和扩建，启动了天然橡胶产业扶持计划，包括胶园更新计划（大胶园每年更新 5%，小胶园每年更新 1%）、橡胶种苗生产计划和天然橡胶扶持基金筹措计划。2005 年，印度尼西亚胶园更新面积为 1.5 万公顷。2000—2004 年年间，印度尼西亚胶园新增投产面积近 27 万公顷，产量增长了 38%，年增长率达 7.6%。2005 年，印度尼西亚天然橡胶产量增长幅度为 9%，2006 年为 5%，是世界天然橡胶产量增加较快的国家[③]。

---

① Eric Penot. Diversification of perennial crops to offset market uncertainties: the case of traditional rubber farming systems in West-Kalimantan［R］. Montpellier: CIRAD, 2000.

② 中国驻印度尼西亚使馆经商参处 . 天然橡胶产业状况 . http://id.mofcom.gov.cn /, 2007-04-16.

③ 中国驻印度尼西亚使馆经商参处 . 天然橡胶产业状况 . http://id.mofcom.gov.cn /, 2007-04-16.

（3）政府提供更新和新植经费

印度尼西亚政府拨专款选用高产、优质种植材料来更新胶园，同时委派印度尼西亚橡胶研究院提供技术支持。

（4）制订优惠的信贷政策，通过各种途径增加农业投资

为了鼓励农民增加投入，印度尼西亚政府制定了一项新的贷款方案，在不超过最高限额时不需要抵押，只需一份简单的书面文件。为了解决落后地区的农业问题，政府鼓励移民开垦，规定移民户可得到土地和优惠贷款。印度尼西亚政府鼓励兴修水利灌溉设施，对化肥、农药等农业生产资料投入实行补贴，重视良种选育、引进和推广；政府还十分重视吸引外资和鼓励私人投资，并给予优惠政策[①]。

（5）重视发展农村合作事业

在印度尼西亚，农村有农业合作社和非农业合作社两类。全国约有7400个农业合作社，其社员数占全国合作社社员总数的3/4。农业合作社主要是基层农村合作社，能得到政府的有力支持，主要从事农业生产资料的供应、农产品的收购以及开展信贷业务；有的农业合作社也供应社员需要的日常生活用品，有的参与政府的农村电气化计划。从1990年开始，印度尼西亚政府实行了新的五年计划，合作社经济继续被列为国民经济的三大支柱之一。

总体来看，印度尼西亚政府及有关部门管理制度仍不健全，在天然橡胶基础研究与技术开发方面的实力还较弱，主要依靠大面积种植来增加产量。

5.5.5.3 越南

越南政府非常重视其天然橡胶产业的发展：一是鼓励越南植胶者扩大胶园规模，并引进外资或从世界银行贷款提高种植面积，并委托越南橡胶协会（VRA）为越南天然橡胶产业制订中长期发展规划；二是努力提高天然橡胶产业的经济效益，促进产业发展，加强橡胶加工业的发展，减少橡胶原料出口，并提高其天然橡胶产品附加值；三是积极推动天然橡胶出口市场多元化，减轻天然橡胶出口过度依赖于一个市场，广泛开拓欧美市场[②]。

---

① M. Supriadi, Laxman Joshi, Gede Wibawa. Technology Adoption in Indonesian Rubber Smallholding Sector ［R］. Siem Reap, Cambodia.IRRDB, 2007.

② 傅国华，许海平. 世界主要产胶国发展橡胶产业的政策比较［J］.中国橡胶，2007，23（9）：4-6.

具体措施如下所示。

（1）广泛吸收外国贷款，发展天然橡胶产业

1993 年世界银行拨付越南 3 000 万美元（换算）的贷款，用于扩大植胶面积，大幅度提高产量。国际开发协会为越南提供 9 600 万美元贷款，以实施农业发展计划，包括东南部 16 万公顷国营胶园的复兴及发展橡胶业。根据 1999 年的文献资料显示，法国和世界银行计划提供 1.2 亿美元贷款，帮助多乐省 5 万个小胶园每户增加 2 ～ 5 公顷的橡胶树种植面积。根据 1992—1996 年的技术合作计划，马来西亚给予越南 172 万马元（换算）的资助，为越南橡胶业培训科技人员，增置设备。

（2）通过立法进行农业改革，调动了农民的生产积极性

1986 年越南政府出台宏观经济和农业政策的综合改革方案，包括调整货币汇率、放宽物价管制、培育市场体系、开放国内外贸易、加强农业科研和技术应用推广等；1993 年，越南在 1988 年《土地法》的基础上，结合其改革开放以来的各种具体情况和国情而制定颁布了新的《土地法》，给农户充分的土地使用权，降低农业税，由 10% 减为 5% 或全减免。2003 年 11 月，越南国会再次修订了《土地法》。《土地法》肯定了土地属于全民所有，由国家作为所有主代表，地价由各省市人委会于每年 1 月 1 日公开公布，同时需与市场实际土地转让使用权价格相近。人委会在公布前要听取同级议会意见。为加快颁发土地使用权证书，《土地法》规定，省市人委会可以委托同级土地管理职能部门（即地政厅）颁发土地使用权证书。土地使用者仅需向地政厅申请则可。对使用农业地情况，《土地法》进行了严格限制。

（3）加强农业科研和技术应用推广，促进产业的提升

越南设有专业的橡胶研究院，下设多个试验推广站，负责试验和技术推广。政府重视新品种及种质资源收集，开展选育种研究，选育出有自主知识产权的品系，制定橡胶栽培技术规程用于开展胶园营养诊断指导施肥、割制改革、病虫害防治等技术研究和推广。

5.5.5.4　印度

近年来，印度的植胶业取得了重大进展，成为印度发展最快的农产品之一，橡胶种植面积不断扩大，年干胶产量不断增加，成为世界上仅次于泰国、印度尼西亚、马来西亚的世界第四大天然橡胶生产国。

印度鼓励天然橡胶产业发展主要有以下举措。

（1）为小胶园增产增收铺平道路

制定法律法规，禁止生产和出售低产的种植材料，并由橡胶生产管理和增产咨询中心研究分析各产区的产量下降情况并提出相应的解决办法。

（2）资助和扶持天然橡胶种植业

印度政府通过印度橡胶局向胶农提供广泛的财政资助，如更新及扩种天然橡胶的无偿补贴，倘若不足还可通过印度橡胶局的协助向银行贷款及其部分贴息。未开割胶园可享受政府提供的低价化肥，扩种而提前使用现金的胶园农场主可从银行获得长期低息贷款，并可享受贴息。

此外，印度政府还免费供应胶园围栏，为胶农提供种胶的政策性保险，对意外灾害造成的损失给予赔偿。

（3）推进胶园的更新和新植

加速传统植胶区的胶园更新，并以采取新割制和改进栽培的方法提高胶园的现代化水平，同时大力推进东北部非传统植胶区的橡胶栽培。

（4）供应优良种苗和推广新技术

印度橡胶局在各地建立的大型苗圃可为胶园提供优良高产品系的芽接桩。分布在各橡胶主植区的培训中心负责对胶农和胶工进行免费培训，培训期间免费供应住宿，还给予生活补贴[1]。

（5）重视天然橡胶的科研工作

印度橡胶局与橡胶研究所分别成立于 1947 年和 1955 年，负责制订橡胶发展规划和政策措施，同时还管理发展资金，旨在促进印度天然橡胶产业发展，针对天然橡胶广泛开展研究，在高产无性系品种的选育方面取得了可喜的成就[2]。

（6）建立有效的橡胶信息网络服务体系

印度橡胶研究所及其附属研究中心负责技术推广、咨询和人员培训等工作，并负责提供最新的天然橡胶产业信息，为天然橡胶经营者了解国内和国际天然橡胶市场信息提供服务。

---

① 傅国华，许海平.世界主要产胶国发展橡胶产业的政策比较［J］.中国橡胶，2007，23（9）：4-6.

② 唐仕华.印度天然橡胶研究简况及发展方向［J］.世界热带农业信息，2009（1）：4-8.

5.5.5.5 马来西亚

马来西亚是世界人工栽培巴西橡胶树最早的国家之一，在 1990 年以前一直是世界第一产胶大国，1986 年达最高峰，产量高达 1 661 万吨，占当时世界总产量的 32.4%。但从 1990 年起，世界第一产胶大国的桂冠易主由泰国所得，一直至今。目前，马来西亚退居第三产胶大国之位 [①]。虽然马来西亚在天然橡胶种植业的战略地位下降，但是仍然把橡胶种植业作为一种战略性产业来保护，对小胶园的天然橡胶生产扶持政策主要体现在以下几方面。

（1）政府成立专门机构进行统一管理

马来西亚先后成立的多个小胶园发展支持机构，包括联邦土地开发局（FELDA）、联邦土地振兴管理局（FELCRA）和小胶园发展局（RISDA），不但有利于从技术管理上进行统一，并且很大程度上避免了小胶园主分散经营、市场风险大的问题，同时也使技术推广应用得到顺利实施，对促进小胶园生产力水平的提高发挥了作用 [②]。其中马来西亚联邦土地开发局（FELDA）主要以承担项目的形式，组织无地马来西亚公民开垦土地进行天然橡胶生产。而 1966 年成立的联邦土地振兴管理局（FELCRA）负责组织小胶园主开展合作生产，组建合作社，由行政部门提供技术和信息，对胶园进行统一规划，统一生产。1973 年成立的小胶园发展局（RISDA）负责管理更新资金，对更新计划的执行情况进行检查，推广良种，促进小胶园联合。

（2）多方面筹措资金资助小胶园发展

马来西亚通过税收、贷款以及各种基金的方式多方面募集资金，对小胶园从多方面进行补贴，为小胶园的持续发展提供保障。

（3）重视科学研究和推广应用新技术

马来西亚一贯重视天然橡胶科学研究，即便是在天然橡胶生产规模萎缩了 2/3 的情况下，对橡胶科研的投入一直保持不变，并开发出多个胶木兼优品种，为重振橡胶业做了充分准备 [③]。

1925 年成立的马来西亚橡胶研究所（RRIM）是世界上最大的天然橡胶科

---

① 傅国华，许海平.世界主要产胶国发展橡胶产业的政策比较［J］.中国橡胶，2007，23（9）：4-6.

② 傅国华，许海平.世界主要产胶国发展橡胶产业的政策比较［J］.中国橡胶，2007，23（9）：4-6.

③ Syeed Saifulazry Osman Al-Edrus. Evaluations of the Properties of 4-Year Old Rubberwood Clones rrim 2000 Series for Particleboard Manufacture［D］. Kuala Lumpur: University Putra Malaysia, 2007.

研机构，政府为研究所提供的预算经费非常充足。马来西亚橡胶研究所主要从事胶树的新品种选育、丰产栽培技术、割胶制度、病虫害防治、生态等方面的技术研究和服务工作。其主要目的是为政府相关机构提供橡胶树种植、加工等各种技术支持，曾经选育出 RRIM 系列高产无性系，对天然橡胶单产的提高起到了很大的作用。

同时，马来西亚针对小胶园发展采取了一系列的扶持政策，涉及天然橡胶生产组织、生产补贴、橡胶苗木生产、小胶园管理、相关技术推广应用示范等内容①。

（4）保证种植材料的质量

马来西亚橡胶研究所建有专业的原种圃、繁殖圃和生产苗圃，除试验外也负责提供芽条和苗木，并对苗圃的苗木质量进行注册和监控，以保障小胶园主的长期经济效益。同时，小胶园更新所需种苗也均来自具有生产资质的大型苗圃。

（5）加强垦区基础设施建设

马来西亚一直大力加强植胶区的公益性投资，发展交通和社会服务设施，改善了橡胶生产基地基础设施和社会环境。此外，政府还斥巨资让农民迁移至热带林区发展热带作物。

其他国家如非洲的科特迪瓦对发展小胶园非常重视，1969—2008 年 40 年间，干胶产量增长近 20 倍，是近年来天然橡胶发展最快的国家之一。科特迪瓦政府通过天然橡胶私有化改造项目，处理了政府参股的大型天然橡胶树种植园；同时，政府为胶农解决资金问题，提供技术咨询，设立价格支持基金。而美洲国家中，如巴西在天然橡胶价格低迷时，以高于国际市场两倍的价格作为该国产胶的指导价进行天然橡胶收储②。

总而言之，各植胶国对其天然橡胶产业的扶持政策囊括了生产、流通和科研领域，既包含加大生产领域投资的政策，又包含保护天然橡胶的合理价格的政策，还包含加强科学研究，尤其是基础研究的政策。

---

① 王军，林位夫，谢贵水，等.马来西亚小胶园扶持政策考察报告［J］.热带农业科学，2009，29（2）：17–20.

② 傅国华，许海平.世界主要产胶国发展橡胶产业的政策比较［J］.中国橡胶，2007，23（9）：4–6.

5.5.6　世界的粮食安全

粮食是关系国计民生的重要战略物资，粮食安全与社会的和谐、政治的稳定、经济的持续发展息息相关。完善粮食应急储备体系，确保粮食市场供应，最大限度地减少紧急状态时期的粮食安全风险，是粮食安全保障体系的重要组成部分。

在当前粮食短缺的背景下，食品价格上涨，天然橡胶生产国的政府完全有可能会改变相关的农业政策，转向优先发展粮食作物，因为倘若必须在两类作物之间进行选择，更有可能倾向于粮食作物，这是发展天然橡胶生产的潜在威胁。

5.5.7　其他与天然橡胶争地的热区经济作物

天然橡胶作为外来物种，属典型的热带作物，种植受地理条件限制很大，生产大多集中在东南亚一带的高温高湿且风害少地区。新中国成立后，中国政府非常重视天然橡胶的发展。中国农垦科技工作者通过科学实践，打破了国外近百年来天然橡胶权威人士所谓北纬 15° 以北是巴西橡胶树种植"禁区"的定论，成功地在北纬 18° 以北至北纬 24° 的广大地区种植巴西橡胶树。目前，中国已形成了以海南、云南、广东农垦为主的三大天然橡胶优势种植区域，并获得较高的产量，单产由 400 千克 / 公顷提高到目前的 1 300 千克 / 公顷[①]。虽然中国已经成功在所谓的种植"禁区"实现了天然橡胶的高产，但是对于不同区域种植天然橡胶的收益是不一致的，同时争地热区经济作物制约着天然橡胶生产，农民总是从经济回报、环境影响和社会效益几方面综合考虑来确定种植的作物。

所以，受仅占国土面积 5% 的有限热区土地资源的约束，中国宜胶地资源不大，约为 97.33 万公顷，目前已经利用了其中的 68.5% 作为植胶区，面积达到 66.667 万公顷左右，剩下的 31.5% 也被其他热带作物所占用[②]。

5.5.7.1　主要争地作物

影响天然橡胶生产经济效益高低的直接因素包括：天然橡胶价格的波动、

---

① 中国天然橡胶协会 . 中国天然橡胶百年简明大事记 . http://www.cnraw.org.cn/, 2008–09–23.

② 齐欢 . 国内外橡胶产业发展现状和中国加入 WTO 后橡胶产业发展面临的机遇、挑战及对策研究 . http://www.transmissionbelt.com/news21211.htm.

天然橡胶生产投入的变化、与其他作物经济效益的比较，等等。天然橡胶的价格直接影响胶农植胶积极性，天然橡胶价格高时，胶农植胶积极性高，通过引进新品种，扩大植胶面积，增加施肥量，加强胶园管理等措施提高天然橡胶产量；天然橡胶价格下降时，则可采取相反行动，减少植胶面积或减少橡胶生产投入、疏忽胶园管理等，从而导致产量减少。其他因素也会影响到天然橡胶的生产，比如相关农产品价格的变化，如甘蔗、木薯、油棕等其他农产品价格上升时，种植天然橡胶的比较利益下降，胶农则会减少天然橡胶的种植面积；反之，会增加天然橡胶的种植面积。

许多热带作物的种植条件与天然橡胶相差不大，都会影响到天然橡胶的生产。例如，世界上与天然橡胶有争地潜力的热带经济作物有椰子、槟榔、咖啡、可可、腰果等，热带水果有香蕉、荔枝、龙眼、杧果、山竹、番石榴、菠萝等，热带能源作物兼经济作物的有甘蔗、木薯、油棕等。

根据农业农村部统计数据显示，2018年中国收获面积在1万公顷以上的热带经济作物、热带能源作物包括：天然橡胶、槟榔、木薯、肉桂、椰子、咖啡、油棕果、胡椒和甘蔗，详情见表5-4。

表5-4　2018年中国主要热带经济作物和热带能源作物（单位：万公顷）

种类	收获面积	种类	收获面积	种类	收获面积
天然橡胶	114.49	澳洲坚果	30.12	益智	3.19
剑麻	2.12	胡椒	2.45	槟榔	11.00
咖啡	12.27	肉桂	25.14	甘蔗	140.58
木薯	29.24	八角	36.91		
椰子	3.44	砂仁	5.92		

注：来源于农业农村部统计数据。

5.5.7.2　环境适应性的比较

在中国种植规模20万公顷以上与橡胶树争地的热区经济作物包括：甘蔗、八角和木薯等，从环境适应性、种植规模等方面进行比较，从而了解其与天然橡胶对土地资源的争夺能力。

表5-5比较了天然橡胶、甘蔗和木薯的生长环境条件，如温度、雨量、风、光照、海拔和土壤等。

表 5–5　主要争地作物生长环境条件比较

作物种类	温度	湿度	降水量	风	光照	海拔	土壤
天然橡胶	温度直接影响生长、发育、产胶甚至存亡等，是限制地理分布的主要因素。速生、高产、光合作用的适应温度范围为18～28℃，其中以22～25℃最适宜产胶。在适温范围内积温值越高，生长期及割胶期则越长	对干旱的适应能力较强。在遇到干旱时，产量会降低而干胶含量可增至40%以上	适宜生长和产胶的降水指标：年降水量在1 500～2 500毫米，相对湿度80%以上，年降水日大于150天。年降水量大于2 500毫米，降水日数过多，不利于割胶生产，且病害易流行	喜微风，惧怕强风。微风有利其进行光合作用。风大时，水分易蒸发，割线易干，影响排胶	是一种耐阴性植物，但在全光照下生长良好。光照条件对生长发育和产量以及抗逆力都有明显的影响。适宜的光照条件有利生长和产胶	随海拔高度升高，胶树的年生长周期相应缩短，开花期推迟，提早分枝，且分枝部位降低	对土壤条件的适应性比较广，但良好的土壤条件是速生高产的重要因子。种植的土壤，最好是有机质丰富、土层深厚、酸性、排水良好而又保水力强的土壤，以季雨林下砖红壤为最好
甘蔗	整个生长期要求年均温18～30℃，≥10℃活动积温6 500～8 000℃，蔗芽萌发最低温为13℃，在15℃以上时幼苗正常生长，最适为30～32℃，40℃时生长受到抑制。分蘖期要求日平均气温≥20℃，30℃时分蘖最盛。温度在25～30℃时适宜蔗茎生长，超过34℃生长受到抑制，低于20℃则生长缓慢，气温低于10℃时蔗茎生长停止	保持土壤含水量在60%～70%为宜	年降水量≥1 200毫米	8级以上台风对甘蔗生长和产量有影响，风速越大危害越严重	喜光作物，光饱和点高，光补偿点低。要尽量选择光照强，无遮蔽的地块种植，年日照时数1 200小时以上	870～1 800米	对土壤的适应性比较广。以黏壤土、黄壤土、沙壤土较好。不喜盐分碱分较高的土质，当土壤含盐碱分在0.15%～0.30%时，生长受抑制，再高则难以生长。土壤pH值在4.5～8.0范围内都能生长，但以pH值在6.1～7.7的中性土壤为最佳

（续表）

作物种类	温度	湿度	降水量	风	光照	海拔	土壤
木薯	一年中有8个月以上无霜期，4月平均气温16℃，10月平均气温17℃的地方适于种植。发芽出苗最低气温14～16℃，10℃以下不能生育，4℃停止生长，2℃以下受寒害，0℃则枯萎死亡。茎叶生长以气温25～28℃为宜，薯块膨大以气温22～25℃为宜，开花期以气温21～34℃为宜	耐旱力强，但喜湿润	最适年均降水量≥1 000毫米；能在年降水量600～6 000毫米的地区生长，甚至能在年降水量仅达270毫米且分布均匀、土壤湿润的地方生长	忌强风侵袭，受风害茎倒、根翻而减产	喜阳光，不宜荫蔽	2 000米以下	耐贫瘠、粗生、易长，多种植在山坡和高旱地
八角	我国八角主要分布在广西和云南，广西南部主产区平均气温20~23℃，最冷月平均气温10℃以上；云南主要产区气温在15.9~19.3℃。八角有一定耐寒能力，适应较强，在短期 -3～5℃能完全越冬，但在霜雪较重，-5℃以下时，2～3天内即可受害，八角年龄越小受害越重	喜湿润	平均降水量在1 000毫米以上，并要分布均匀	强风吹袭不但直接影响八角生长，也不利于开花结果。在山顶、山口、山坳常受强风吹袭的地方，尤其是台风严重影响的地方不宜种植，必要时可营造防护林挡风	中性偏阴树种，不耐干热，在不同生长阶段对光照要求均不相同。幼苗期不能暴露于强烈的阳光下，必须设遮阳物，遮阳至少需要10个月时间，遮阳物的透光度最好在10%～20%，定植3年后逐步清除周围荫蔽物，改善光照条件	200～1 600米	适宜生长在疏松、湿润、通气良好的肥沃土地上。土壤pH值在4.5～6.0，即需要酸性和微酸性土，pH值最好在5.0～5.5。据富宁县八角研究所调查，八角良好生长需要的主要土壤养分含量为有机质2.0%、速效氮100毫克/千克、速效磷30毫克/千克、速效钾90毫克/千克

注：来源于网络资料收集整理。

从以上几个方面的比较结果可以看出，甘蔗、木薯的环境适应性与天然橡胶相差不大，具有与天然橡胶的争地潜力，必然会影响到天然橡胶的生产。

5.5.7.3 种植规模的比较

农业农村部统计数据显示，2009—2018 年天然橡胶、甘蔗和木薯的总面积如表 5-6 所示。

表 5-6　2009—2018 年中国主要天然橡胶争地作物的种植面积比较

（单位：万亩）

作物种类	2009 年	2010 年	2011 年	2012 年	2013 年	2014 年	2015 年	2016 年	2017 年	2018 年
天然橡胶	1 456.02	1 537.20	1 621.97	1 695.88	1 715.85	1 741.65	1 740.05	1 766.63	1 751.24	1 717.38
甘蔗	2 439.29	2 438.84	2 491.77	2 635.24	2 622.66	2 577.72	2 337.62	2 206.4	2 155.65	2 063.65
木薯	585.74	582.74	582.34	572.99	560.84	547.92	523.04	501.71	473.61	438.67
八角	237.35	241.26	101.96	99.21	100.13	100.80	660.24	504.41	566.64	553.59

注：来源于中国农业部统计资料。

近 10 年来，天然橡胶的总面积在不断增加，只是在 2017 年出现了下降，原因是持续几年的价格低迷导致胶农改种其他作物以及产业结构调整，调减了天然橡胶种植面积；甘蔗作为低效作物，自 2014 年始不断调减种植面积；木薯的总面积也呈下滑趋势；八角作为特色作物，其种植面积从 2014 年开始快速爬升，近年来进入平稳期。

5.6　中国天然橡胶供给安全研究创新

到目前为止，国内学者从多个角度对于中国的天然橡胶供给安全问题进行了研究，有针对中国天然橡胶预警预报系统建立的研究，有针对国际定价权的研究，有针对中国天然橡胶市场供求弹性方面的研究，有从天然橡胶产业安全角度看中国与东盟的合作的研究，有从储备机制和补贴机制的研究。总体看来，从政策、经济等角度分析供求安全的研究较多。

本文笔者基于经济与技术交叉的视角，以资源经济学角度，特别是种质资源经济学的角度来研究中国天然橡胶供给安全，对于天然橡胶种植的优势区域和优势种质资源进行选优，希望能为中国天然橡胶生产实际工作提出一些可操作的对策建议。

下文笔者探讨了亚洲各主要天然橡胶生产国在品种选育状况的基础上，应用 Vague 适应性优选法对天然橡胶的品种进行筛选，针对不同天然橡胶生产优势区基本状况，包括海南、云南和广东优势区，对不同优选期望，建立相应的权重体系，找出各不同优势区的天然橡胶品种优选决策。

综上所述，自然因素、科技创新等因素都能直接影响天然橡胶的生产和质量；价格波动、产业政策等刺激天然橡胶生产；粮食安全、争地的热区经济作物等制约天然橡胶生产。

6

品种资源优选下的中国天然橡胶供给安全研究

从长远分析，由于天然橡胶的生产受到气候条件的限制，适宜植胶土地资源有限（据世界各植胶国统计，全球还有1亿亩左右的土地适宜植胶）[①]，加上各国对热带雨林的环境多样性的保护力度加大，未来天然橡胶的供需矛盾也许会越来越突出。为了缓解天然橡胶的供需矛盾，除继续开发新胶园和适时更新老胶园外，应用科技改良品种、增加产量、研发新工艺新设备和改善产品质量、提升产业化水平将成为今后天然橡胶产业的发展趋势。

目前，中国已成为世界上天然橡胶消费量增长速度最快的国家，天然橡胶自给率逐年下降，对外依存度已经接近80%。按照目前的增长速度，在未来相当长的一段时间，中国还将保持世界第一天然橡胶消费大国的地位。而根据国际上公认的界限，一个国家天然橡胶产业最基本的安全保障线是自给率的30%，目前中国天然橡胶自给率远低于基本安全保障线，这一现状直接影响到国内天然橡胶产业的供给安全。

从国家安全角度来看，橡胶树是一种多年生经济作物，非生产期长，如果中国过分依赖进口，一旦世界风云发生变化，将会受制于人，到时再来应付，将是临渴掘井，为时已晚。因此，中国作为天然橡胶的世界第一大净进口国，必须种好天然橡胶，尽量多生产天然橡胶，努力缩小产量和消费量之间的差距，并将中国天然橡胶进口量控制在合理的限度。

---

① 中国天然橡胶协会.天然橡胶产业发展情况和面临的形势.http://www.cnraw.org.cn/，2009-12-29.

目前，亚洲的主要天然橡胶生产国除马来西亚外，多数都在扩大植胶面积，依靠扩大天然橡胶的种植面积来提高天然橡胶的产量。但是天然橡胶作为热带作物，适宜种植在高温高湿且风害少的地区，而中国在宜胶地资源有限和自然条件相对比较差的约束条件下，要想保证天然橡胶的供给安全，必须依靠科技创新水平的进步来开发和挖掘资源潜力，走提高单位面积产量来增加天然橡胶自给量的道路。

中国主要的科技创新方式包括抗性高产品种选育、割胶制度改革、产品加工、病虫害综合防治、胶园更新、木材利用和生物技术等方面。在中国，抗性高产品种选育方面的科技创新尤为重要。同时，随着抗寒天然橡胶品种的研发与推广，使得天然橡胶种植区域"北移"，这对增加中国天然橡胶的种植面积、加大天然橡胶产量具有至关重要的战略意义。

6.1 亚洲其他主要天然橡胶生产国的品种选育状况

6.1.1 泰国的天然橡胶品种

泰国使用的良种有 3 级，具体如下。

第一级品种：RRIM600、PB255、PB260、PR255、RRIC110、Songkhla36 等，种植面积不受限制。

第二级品种：RRIT250、RRIT251、BPM1、PB235、RRIC100、RRIC101，种植面积不能超过 30%。

第三级品种：PR302、PR305、RRIC121、RRIT163、RRIT209、RRIT214、RRIT218、RRIT225、RRIT226，种植面积不能超过 20%。

其中，第二、第三级品种，每户小胶园种植面积不能超过 2 公顷。过去曾大量选用 GT1 和 PR107，因产量低和易感病现已淘汰。目前泰国农户中，RRIM600 的种植面积超过 60%，第二、第三级品种不超过 30%[1]。

---

① 农业部农垦局赴泰国橡胶考察团.泰国天然橡胶业及国家扶持政策考察报告［J］.云南热作科技，1998，21（4）：53-57.

6.1.2 印度尼西亚的天然橡胶品种

印度尼西亚过去培育出了 BPM24、GT1、PR107、PR228、PR255、PR261、PR301、PR302、AV385、AV1907 等无性系。其中，BPM24、GT1、PR107、PR261 被认为是相对高产的无性系。

6.1.3 马来西亚的天然橡胶品种

马来西亚老树种 RRIM600 在世界各地栽种，表现不俗。在马来西亚，PB260 的表现比 RRIM600 更好，但它在中国、南美洲或非洲的表现很一般[①]。

1998—2000 年，马来西亚大规模推广胶木兼优品种有 RRIM 900 系列的 RRIM 908、RRIM 911、RRIM 921、RRIM 936，以及 PB260、PB350、PB355、PB359；小规模推广的胶木兼优品种共有 14 个[②]。

近年来，马来西亚橡胶研究院在育种、选种方面培植出 RRIM2000 系列，如 RRIM2001 ～ 2026 等 26 个新品系中有不少属于胶木兼优的无性系，如 RRIM2001、RRIM2025、RRIM2014、RRIM2008、RRIM2015 等[③④]。

6.1.4 印度的天然橡胶品种

印度积极从世界各主产国收集高产品种和无性系，然后经筛选和培育出适合本国的高产品种，作为提高本国橡胶品种质量的有效手段。

20 世纪 70 年代末期，印度橡胶研究所选育出的 RRII105 无性系是世界上最高产的橡胶品系之一，该品系的种植面积占印度橡胶种植总面积的 85% 以上，年产 2 000 ～ 3 000 千克 / 公顷。此外，还有 RRII5、RRII109、RRII116、RRII118、RRII203、RRII208 等品系，在特定小区域内有高产表现，将印度橡胶单产水平从 20 世纪初的 200 ～ 300 千克 / 公顷提高到 2000/2001 年度的

① 王忠田 . 马来西亚院士谈世界天然橡胶业［J］. 中国橡胶，2006，22（18）：26-28.
② 农业部南亚热带作物中心 . 马来西亚橡胶产业发展情况 .http://www.troagri.com.cn/, 2005.
③ 周钟毓 . 马来西亚的天然橡胶业［J］. 世界农业，1999.247（11）：41-42.
④ Chan Weng Hoong.Growth and Early Yield of RRIM 2000 Series Clones in Trial and Commercial Plantings［R］. Siem Reap, Cambodia.IRRDB, 2007.

4 000 千克 / 公顷左右（潜力产量）[1]。

目前，印度已培育出 RRII100 组、RRII200 组、RRII300 组共 30 多个新品系，其中 RRII105、RRII118、RRII203、RRII208 已列为国际交换品系。

在新技术育种上，以化学诱变和辐射诱变方法，培育出有高产苗头的 RRII1。部分品系的产量潜力和现实产量见表 6-1。

表 6-1　RRII 品系的表现 [2]　（单位：千克 / 公顷）

品　　系	产量潜力	农场现实产量
RRII 5*	2 797	1 299
RRII 105	3 146	1 710
RRII 109	1 699	1 361
RRII 116	2 102	1 490
RRII 118*	2 093	1 246
RRII 203	3 272	1 649
RRII 208	3 449	1 743

（注：10 年以上，* 为 5 年）。

将印度东北部种植的品系按表现排序后，结果详见表 6-2。

表 6-2　印度东北部种植的品系（按表现排序） [3]

特里普拉邦	阿萨姆邦	梅加拉亚邦
PB 235	RRIM 600	RRIM 600
RRIM 600	RRII 105	PB 311
RRII 208	PB 235	RRII 208
RRII 203		RRII 118
RRII 118		RRII 105
SCATC 88/13		

6.1.5　越南的天然橡胶品种

越南重视新品种及种质资源收集，积极开展选育种研究，选育出拥有自主知识产权的 RVV1 ~ 4 号品系，其特点是胶木兼优，生长量是常规品系的 1

---

① 林草 . 印度天然橡胶业［J］. 世界热带农业信息，2005（9）：6-8.

② 唐仕华 . 印度天然橡胶研究简况及发展方向［J］. 世界热带农业信息，2009（1）：4-8.

③ 唐仕华 . 印度天然橡胶研究简况及发展方向［J］. 世界热带农业信息，2009（1）：4-8.

倍以上，干胶产量 3 吨 / 公顷，平均 5.5 年割胶。新植胶园的主要高产品系为
PB235、GT1、RRIM600 等，以越南南方的条件，植后 6 ～ 7 年可开割[①]。

6.1.6　中国的天然橡胶品种

新中国成立后，通过中国科学家的艰苦努力，培育出了热研 7-33-97、
热研 7-20-59、大丰 -95、云研 77-2、云研 77-4 等一批橡胶树新品种。

但是由于缺乏必要的支持，导致基础设施建设滞后、品种和树龄结构调整
缓慢、低产胶园比例高、胶园更新速度慢。目前，我国种植的橡胶树仍然以
20 世纪五六十年代推广的国外无性系 RRIM600、PR107 和 GT1 为主，自主培
育的优质品种推广种植还不到 3%。我国有树龄在 35 年以上的老胶园 150 多
万亩，亩产 60 千克以下的低产胶园约 210 万亩，未得到及时更新改造。另外，
还有 150 多万亩的幼龄胶园因投入不足而延长非生产期，有限的资源没有得到
充分的发挥[②]。

6.2　Vague 适应性优选法

Gau 和 Buehrer 提出的 Vague 集理论[③]，是 Zadeh 所创立的 Fuzzy 集理论[④] 的
一种推广，Vague 集理论有比 Fuzzy 集理论更全面的表示模糊信息的能力。

6.2.1　Vague 集的定义

设论域 U 非空，对 $u \in U$，定义区间 $[t_L(u), 1 - f_L(u)]$ 为 Vague 集 L 在点 u 的
Vague 隶属度或 Vague 值，其中 $0 \leqslant t_L(u) \leqslant 1$，$0 \leqslant f_L(u) \leqslant 1$ 且 $t_L(u) + f_L(u) \leqslant 1$。
分别称 $t_L(u)$、$f_L(u)$、$\pi_L(u)(=1-t_L(u)-f_L(u))$ 为 Vague 集 L 的真隶属函数、假隶属
函数、不确定函数。同时 $t_L(u)$、$f_L(u)$ 也表示支持和反对 $u \in L$ 的隶属程度。

---

① 李文伟，白燕冰，周华 . 越南天然橡胶、咖啡产业考察报告［J］. 热带农业科技，2007，30
（1）：22-24.

② 农业部发展南亚热带作物办公室 . 全国天然橡胶优势区域布局规划（2008—2015 年）［R］. 北
京：农业部发展南亚热带作物办公室，2008.

③ Gau W L，Buehrer D J. "Vague sets", IEEE Transaction on Systems［J］.Man and Cybernetics, 1993,
23（2）：610-614.

④ Zadeh L A，"Fuzzy sets", Information and Control, Shenyang, China, 1965,（8）：338-356.

当 $U=\{u_1,u_2,\cdots,u_n\}$ 为离散论域时，其上的 Vague 集 L 可表示为 $L=\sum_{i=1}^{n}[t_L(u_i),1-f_L(u_i)]/u_i$，或 $L=\sum_{i=1}^{n}[t_{l_i},1-f_{l_i}]/u_i$，或 $L=\{[t_{l_1},1-f_{l_1}],[t_{l_2},1-f_{l_2}],\cdots,[t_{l_n},1-f_{l_n}]\}$。

6.2.2 单值数据转化为 Vague 数据

欲应用 Vague 集理论研究和解决实际问题，需要营建 Vague 环境，即把原始数据转化为 Vague 数据。这里仅研究本文的案例中所要用到的把单值数据转化为 Vague 数据的问题。

定义 1 设论域为 $U=\{u_1,u_2,\cdots,u_n\}$，U 上有集合 $L_i(i=1,2,\cdots m)$，L_i 对项目 $u_j(j=1,2,\cdots n)$ 的数据设为非负单值数据 u_{ij14}[①]。

a. Vague 公理 $0 \le t_{ij} \le 1-f_{ij} \le 1$。

b. 获益公理 如果 $0 \le u_{kj}<u_{ij}$，单值数据 u_{ij} 和 u_{kj} 分别转化成的 Vague 数据 $L_i(u_j)=u_{ij}=[t_{ij},1-f_{ij}]$ 和 $L_k(u_j)=u_{kj}=[t_{kj},1-f_{kj}]$ 满足条件：$t_{kj} \le t_{ij}$，$1-f_{kj} \le 1-f_{ij}$。

则称满足 Vague 公理和获益公理的非负单值数据 u_{ij} 所转化成的 Vague 数据 $L_i(u_j)=u_{ij}=[t_{ij},1-f_{ij}]$ 的转化公式为获益型转化公式。

c. 损失公理 如果 $0 \le u_{kj}<u_{ij}$，单值数据 u_{ij} 和 u_{kj} 分别转化成的 Vague 数据 $L_i(u_j)=u_{ij}=[t_{ij},1-f_{ij}]$ 和 $L_k(u_j)=u_{kj}=[t_{kj},1-f_{kj}]$ 却满足条件：$t_{kj} \le t_{ij}$，$1-f_{kj} \ge 1-f_{ij}$。

则称满足 Vague 公理和损失公理的非负单值数据 u_{ij} 所转化成的 Vague 数据 $L_i(u_j)=u_{ij}=[t_{ij},1-f_{ij}]$ 的转化公式为损失型转化公式。

以上，获益型转化公式，适合于数值越大，偏好程度越高的项目；损失型转化公式，适合于数值越大，偏好程度越低的项目。

6.2.3 Vague（集）值之间的相似度量

定义 2 对于 Vague 值 $l=[t_l,1-f_l]$，定义数据挖掘为 $t_l^{(0)}=t_l$，$f_l^{(0)}=f_l$，$\pi_l^{(0)}=\pi_l$；$t_l^{(m)}=t_l\cdot(1+\pi_l+\pi_l^2+\cdots+\pi_l^m)$，$f_l^{(m)}=1+\pi_l+\pi_l^2+\cdots+\pi_l^m$，$\pi_l^{(m)}=\pi_l^{m+1}$；$\alpha_l^{(m)}=t_l^{(m)}-f_l^{(m)}$，$\beta_l^{(m)}=t_l^{(m)}+f_l^{(m)}$，$(m=0,1,2,\cdots)$[②]。

[①] Wang H X. Definition and transforming formulas from the single valued data to the vague valued data[J]. Computer Engineering and Applications，2010，46（24）：42–44.

[②] Liu H W, Wang F Y. Transformations and Similarity Measures of Vague Sets[J]. Computer Engineering and Applications，2004，40（32）：79–81，84.

应用 Vague 值的数据挖掘构造 Vague（集）值之间的相似度量公式，往往分辨率是较高的，以下的 Vague（集）值之间的相似度量公式，就是应用 Vague 值的定义 2 的数据挖掘构造的，其分辨率就较高。

定义 3 设 Vague 值为 $l=[t_l,1-f_l]$，$k=[t_k,1-f_k]$，若称公式 $M(l,k)$ 是 Vague 值 l 和 k 之间的相似度量，如果 $M(l,k)$ 满如下公理[①]。

a. 平凡公理　$0 \leqslant M(l,k) \leqslant 1$；

b. 对称公理　$M(l,k)=M(k,l)$；

c. 自反公理　$M(l,l)=1$；

d. 最小公理　若当 $l=[1,1]$，$k=[0,0]$ 时，或当 $l=[0,0]$，$k=[1,1]$ 时，总有 $M(l,k)=0$。

Vague 值 l 和 k 之间的相似度 $M(l,k)$ 的含意是，相似度的数值 $M(l,k)$ 愈大，表示 Vague 值 l 和 k 愈相似，当相似度的数值 $M(l,k)$ 达到最大值 1 时，表示 Vague 值 l 和 k 最相似。

反之，相似度的数值 $M(l,k)$ 越小，表示 Vague 值 l 和 k 越不相似，当相似度的数值 $M(l,k)$ 达到最小值 0 时，表示 Vague 值 l 和 k 最不相似。

类似于定义 3，可定义 Vague 集 L 和 K 之间的相似度量 $M(L,K)$ 和 Vague 集 L 和 K 之间的加权相似度量为 $WM(L,K)$。

6.2.4　新的 Vague（集）值之间的相似度量公式

定理 1　记，$u_{j\max} = \max\{u_{1j},u_{2j},\cdots,u_{mj}\}$ 则

$$L_i(u_j) = u_{ij} = [t_{ij},1-f_{ij}] = \left[\left(\frac{u_{ij}}{u_{j\max}}\right)^3,\frac{u_{ij}}{u_{j\max}}\right] \tag{1}$$

是非负单值数据 u_{ij} 转化成的 Vague 数据的获益型转化公式。

而

$$L_i(u_j) = u_{ij} = [t_{ij},1-f_{ij}] = \left[1-\left(\frac{u_{ij}}{u_{j\max}}\right),1-\left(\frac{u_{ij}}{u_{j\max}}\right)^3\right] \tag{2}$$

是非负单值数据 u_{ij} 转化成的 Vague 数据的损失型转化公式。

[①] Wang H X. Apply Vague Optimized Decision-Making Method for Comprehensive Evaluation of New Wheat Varieties [J]. Computer Engineering and Applications，2011，47（12）：210-212.

定理 2 设 Vague 值为 $l = [t_l, 1-f_l]$，$k = [t_k, 1-f_k]$，$m = 0, 1, 2, \cdots$，则

$$M_m(l,k) = \frac{3 - \left|f_l^{(m)} - f_k^{(m)}\right| + \left|\alpha_l^{(m)} - \alpha_k^{(m)}\right|}{3 + \left|f_l^{(m)} - f_k^{(m)}\right| + \left|\alpha_l^{(m)} - \alpha_k^{(m)}\right|} \quad （3）$$

是 Vague 值 l 和 k 之间的相似度量。

定理 3 设论域为 $U = \{u_1, u_2, \cdots u_n\}$，$U$ 上有 Vague 集 $L = \sum_{i=1}^{n} [t_L(u_i), 1 - f_L(u_i)]/u_i$ 和 $K = \sum_{i=1}^{n} [t_k(u_i), 1 - f_k(u_i)]/u_i$，分别简记为 和 $L = \sum_{i=1}^{n} [t_{ui}, 1 - f_{ui}]/u_i$ 和 $K = \sum_{i=1}^{n} [t_{k_i}, 1 - f_{k_i}]/u_i$，并记 $m = 0, 1, 2, \cdots$。

则公式

$$T_m(L,K) = \frac{1}{n} \sum_{i=1}^{n} \frac{3 - \left|f_{l_i}^{(m)} - f_{k_i}^{(m)}\right| - \left|\alpha_{l_i}^{(m)} - \alpha_{k_i}^{(m)}\right|}{3 + \left|f_{l_i}^{(m)} - f_{k_i}^{(m)}\right| - \left|\alpha_{l_i}^{(m)} - \alpha_{k_i}^{(m)}\right|} \quad （4）$$

是 Vague 集 L 和 K 之间的相似度量。

定理 4 设元素 $u_i (i = 1, 2, \cdots, n)$ 的权重为 $w_i \in [0,1]$，且 $\sum_{i=1}^{n} w_i = 1$，并记 $m = 0, 1, 2 \cdots$。

则在定理 3 的假设条件下，公式

$$WT_m(L,K) = \sum_{i=1}^{n} w_i \cdot \frac{3 - \left|f_{l_i}^{(m)} - f_{k_i}^{(m)}\right| - \left|\alpha_{l_i}^{(m)} - \alpha_{k_i}^{(m)}\right|}{3 + \left|f_{l_i}^{(m)} - f_{k_i}^{(m)}\right| - \left|\alpha_{l_i}^{(m)} - \alpha_{k_i}^{(m)}\right|} \quad （5）$$

是 Vague 集 L 和 K 之间的加权相似度量。

6.3 应用 Vague 适应性优选法筛选天然橡胶品种

笔者将 Vague 优化决策方法推广为 Vague 适应性优选法，以适应天然橡胶品种按不同期望的适应性筛选。

其具体应用步骤依次为选取优选项目指标集；建立精选的待优选品种集；提取理论上的理想品种集；原始数据转化为 Vague 数据，得到精选的待优选品种和理论上的理想品种的 Vague 集；针对不同优选期望，建立相应的权重体系；Vague 适应性优选决策，计算精选的待优选品种和理论上的理想品种的 Vague 集之间的加权相似度量，得到精选的待优选品种的按不同权重体系的优选决策。

这种 Vague 适应性优选法，是 Vague 模式识别的一种特例，它也是一种

Vague 多目标决策方法，可以对亚洲主要产胶国广泛种植的天然橡胶品种资源进行综合优化排序。

6.3.1 待筛选的天然橡胶品种

笔者精选了目前在亚洲产胶国广泛种植的 10 个国外品种和 5 个国内品种，分别是印度橡胶研究所选育的 RRII 105、RRII 5、RRII 203、RRII 208，马来西亚橡胶研究院选育的 PB 260、RRIM 600、PB 217、PB 235，印度尼西亚选育的 GT 1 和 PR 107，中国选育的热研 7-33-97、海垦 1、大丰 -95、云研 77-2、云研 77-4。

印度橡胶研究所选育的 RRII 105 无性系是世界上最高产的橡胶品系之一，该品系的种植面积占全国橡胶种植总面积的 85% 以上。RRII 5、RRII 203、RRII 208 等品系，在特定小区域内有高产表现。并且 RRII 105、RRII 203、RRII 208 品系已列为国际交换品系 [①]。

马来西亚选育的 RRIM 600 在世界各地都有栽种，表现不俗，而在马来西亚，PB 260 的表现比 RRIM 600 更好 [②]。PB 217 在印度被列为选用品种，PB 235 则在泰国被列为选用品种。

印度尼西亚选育的 GT 1 和 PR 107 被认为是相对高产的无性系，在中国被广泛地种植。

热研 7-33-97、海垦 1、大丰 -95、云研 77-2、云研 77-4 则是中国科学家通过艰苦的努力，选育出的新品种，其中海垦 1 被列为国际交换品系。热研 7-33-97 被推荐在海南省中西部中风区大规模推广种植，东北部重风区作中等规模推广种植；海垦 1 则被推荐在海南东北部重风区和粤西重风中寒区大规模种植；大丰 -95 被推荐在海南中部微寒偶发重风区大规模种植，在东部重风区、南部重风区、中西部中风区和西部干旱中风区中规模种植；云研 77-2 和云研 77-4 被推荐在云南省的哀牢山以西辐射降温为主地区（西双版纳傣族自治州、思茅、临沧地区、德宏傣族景颇族自治州，以及红河哈尼族彝族自治州的金平、绿春、元阳县）和哀牢山以东平流降温为主地区（红河哈尼族彝族

① 唐仕华．印度天然橡胶研究简况及发展方向［J］．世界热带农业信息，2009（1）：4-8.

② 王忠田．马来西亚院士谈世界天然橡胶业［J］．中国橡胶，2006，22（18）：26-28.

自治州的河口县，文山壮族苗族自治州的马关县、麻栗坡县）的轻寒区、中寒区和重寒区种植，尤其能够种植于中寒区和重寒区的部分地带^①。

以上 15 个品种的相关参数如表 6-3 所示。

表 6-3　待筛选的天然橡胶品种相关参数

国家	品种	5 年平均产量 （千克 / 公顷 / 年）	10 年平均产量 （克 / 株 / 割）	抗白粉病	抗寒	抗旱	抗风	抗死皮病
印度	RRII 105	1 536	60.96	中低	中	中	中	低
印度	RRII 5	1 352	65.27	中低	中	中高	中高	低
印度	RRII 203	1 396	58.64	中	中	中高	中	高
印度	RRII 208	1 119	64.96	中	高	高	中	中低
马来西亚	PB 260	1 631	47.23	中	中	中	中高	低
马来西亚	RRIM 600	1 186	51.88	中	中	中	中高	中
马来西亚	PB 217	1 262	48.86	低	中	中高	中	高
马来西亚	PB 235	1 379	53.26	低	中	中	低	低
印度尼西亚	GT 1	1 017	40.22	中低	中高	中	中	中
印度尼西亚	PR 107	1 143	37.17	高	中	中	中高	高
中国	热研 7- 33-97	1 750	59.66	高	中高	中	高	中高
中国	海垦 1	1 140	36.97	中高	中高	高	高	中低
中国	大丰 -95	1 450	58.31	中高	高	中高	高	中高
中国	云研 77- 2	1 828	54.30	中高	高	中	高	中高
中国	云研 77- 4	1 389	54.67	中高	高	中	高	中高

注：来源于网络资料收集整理。

6.3.2　选取优选项目指标集

选取优选项目指标集为 $U = \{u_1, u_2, \cdots, u_n\}$，其中 u_1 为 5 年平均产量（千克 / 公顷）；u_2 为 10 年平均产量（克 / 株）；u_3 为抗白粉；u_4 为抗寒；u_5 为抗旱；u_6 为抗风；u_7 为抗死皮病。

---

① NY/T 607—2002，橡胶树育种技术规程［S］.

各项目指标都属于数值越大，偏好程度越高类型。待优选项目指标集见表6-4。

表6-4　待优选项目指标集

指标	u_1	u_2	u_3	u_4	u_5	u_6	u_7
名称	5年平均产量（千克/公顷）	10年平均产量（克/株）	抗白粉病	抗寒	抗旱	抗风	抗死皮病
理想指标	大	大	高	高	高	高	高

6.3.3　建立精选的待优选品种集

精选的待优选品种集为 $\{L_1, L_2, \cdots, L_{15}\}$，其中 L_1 为印度 RRII 105；L_2 为印度 RRII 5；L_3 为印度 RRII 203；L_4 为印度 RRII 208；L_5 为马来西亚 PB 260；L_6 为马来西亚 RRIM 600；L_7 为马来西亚 PB 217；L_8 为马来西亚 PB 235；L_9 为印度尼西亚 GT 1；L_{10} 为印度尼西亚 PR 107；L_{11} 为热研 7-33-97；L_{12} 为海垦 1；L_{13} 为大丰 -95；L_{14} 为云研 77-2；L_{15} 为云研 77-4。

待优选品种集见表6-5。

表6-5　待优选品种集

编号	品种	编号	品种	编号	品种
L_1	RRII 105	L_6	RRIM 600	L_{11}	热研 7-33-97
L_2	RRII 5	L_7	PB 217	L_{12}	海垦 1
L_3	RRII 203	L_8	PB 235	L_{13}	大丰 -95
L_4	RRII 208	L_9	GT 1	L_{14}	云研 77-2
L_5	PB 260	L_{10}	PR 107	L_{15}	云研 77-4

精选的待优选品种中的每个集合都是建立在优选项目指标集 $U=\{u_1, u_2, \cdots, u_n\}$ 之上的。

具体数据如表6-6所示。

表6-6　待优选的天然橡胶品种相关参数（原始数据）

编号	u_1	u_2	u_3	u_4	u_5	u_6	u_7
L_1	1 536.00	60.96	中低	中	中	中	低
L_2	1 352.00	65.27	中低	中	中高	中高	低
L_3	1 396.00	58.64	中	中	中高	中	高
L_4	1 119.00	64.96	中	高	高	中	中低

（续表）

编号	u_1	u_2	u_3	u_4	u_5	u_6	u_7
L_5	1 631.00	47.23	中	中	中	中高	低
L_6	1 186.00	51.88	中	中	中	中高	中
L_7	1 262.00	48.86	低	中	中高	中	高
L_8	1 379.00	53.26	低	中	中	中	低
L_9	1 017.00	40.22	中低	中高	中	中	中
L_{10}	1 143.00	37.17	高	中	中	中高	高
L_{11}	1 750.00	59.66	高	中高	中	高	中高
L_{12}	1 140.00	36.97	中高	中高	高	高	中低
L_{13}	1 450.00	58.31	中高	高	中高	高	中高
L_{14}	1 828.00	54.30	中高	高	中	高	中高
L_{15}	1 389.00	54.67	中高	高	中	高	中高
K	1 828.00	65.27	高	高	高	高	高

6.3.4　提取理论上的理想品种集

提取各项目指标偏好程度最高的数据，得到理论上的理想品种集 K。具体数据也如表 6-6 所示。

6.3.5　原始数据转化为 Vague 数据

在本问题中，原始数据有两种，一种是单值数据，另外一种是语言值数据。分别把它们 Vague 化。

6.3.5.1　单值数据转化为 Vague 数据

对于项目指标 u_1 和 u_2，因为它们是单值数据，且都属于数值越大，偏好程度越高类型，故应用公式（1），把它们转化为 Vague 数据。如表 6-7 所示。

6.3.5.2　语言值数据转化为 Vague 数据

对于项目指标 u_3、u_4、u_5、u_6 和 u_7，因为它们是语言值数据，应用下列赋值把它们直接转化为 Vague 数据：高 [0.86,1.00]；中高 [0.70,0.85]；中 [0.70,0.85]；中低 [0.38,0.53]；低 [0.22,0.37]，如表 6-7 所示，是精选的待优选品种和理论上的理想品种的 Vague 集。

表 6-7　精选的待优选天然橡胶品种相关参数（转化数据）

编号	u_1	u_2	u_3	u_4	u_5	u_6	u_7
L_1	[0.59,0.84]	[0.80,0.93]	[0.38,0.53]	[0.54,0.69]	[0.54,0.69]	[0.54,0.69]	[0.22,0.37]
L_2	[0.41,0.74]	[1.00,1.00]	[0.38,0.53]	[0.54,0.69]	[0.70,0.85]	[0.70,0.85]	[0.22,0.37]
L_3	[0.44,0.76]	[0.73,0.90]	[0.54,0.69]	[0.54,0.69]	[0.70,0.85]	[0.54,0.69]	[0.86,1.00]
L_4	[0.23,0.61]	[1.00,1.00]	[0.54,0.69]	[0.86,1.00]	[0.86,1.00]	[0.54,0.69]	[0.38,0.53]
L_5	[0.70,0.89]	[0.37,0.72]	[0.54,0.69]	[0.54,0.69]	[0.54,0.69]	[0.70,0.85]	[0.22,0.37]
L_6	[0.27,0.65]	[0.49,0.79]	[0.54,0.69]	[0.54,0.69]	[0.54,0.69]	[0.70,0.85]	[0.54,0.69]
L_7	[0.33,0.69]	[0.42,0.75]	[0.22,0.37]	[0.54,0.69]	[0.70,0.85]	[0.54,0.69]	[0.86,1.00]
L_8	[0.42,0.75]	[0.55,0.82]	[0.22,0.37]	[0.54,0.69]	[0.54,0.69]	[0.22,0.37]	[0.22,0.37]
L_9	[0.18,0.56]	[0.24,0.62]	[0.38,0.53]	[0.70,0.85]	[0.54,0.69]	[0.54,0.69]	[0.54,0.69]
L_{10}	[0.25,0.63]	[0.19,0.57]	[0.86,1.00]	[0.54,0.69]	[0.54,0.69]	[0.70,0.85]	[0.86,1.00]
L_{11}	[0.88,0.96]	[0.75,0.91]	[0.86,1.00]	[0.70,0.85]	[0.54,0.69]	[0.86,1.00]	[0.70,0.85]
L_{12}	[0.24,0.62]	[0.19,0.57]	[0.70,0.85]	[0.70,0.85]	[0.86,1.00]	[0.86,1.00]	[0.38,0.53]
L_{13}	[0.49,0.79]	[0.70,0.89]	[0.70,0.85]	[0.86,1.00]	[0.70,0.85]	[0.86,1.00]	[0.70,0.85]
L_{14}	[1.00,1.00]	[0.57,0.83]	[0.70,0.85]	[0.86,1.00]	[0.54,0.69]	[0.86,1.00]	[0.70,0.85]
L_{15}	[0.44,0.76]	[0.59,0.84]	[0.70,0.85]	[0.86,1.00]	[0.54,0.69]	[0.86,1.00]	[0.70,0.85]
K	[1.00,1.00]	[1.00,1.00]	[0.86,1.00]	[0.86,1.00]	[0.86,1.00]	[0.86,1.00]	[0.86,1.00]

6.3.6　不同天然橡胶生产优势区基本状况

中国天然橡胶大部分种植在北纬 18°～24° 的海南、云南、广东、广西、福建等非传统植胶区，属于热带的北缘，目前已形成海南、云南、广东三大天然橡胶生产优势区。

6.3.6.1　海南优势区

海南优势区的天然橡胶生产比较优势非常明显，有利于大规模推广天然橡胶种植。

海南优势区属于热带季风气候，年均温 23～26℃，每年有 11 个月的月均温高于 18℃，最冷月的均温也高于 15℃，年均降水量 1 500～2 000 毫米①。

---

① 农业部发展南亚热带作物办公室.全国天然橡胶优势区域布局规划（2008—2015 年）[R].北京：农业部发展南亚热带作物办公室，2008.

6.3.6.2 云南优势区

云南优势区的比较优势较为明显，也有利于在巩固现有产业基础，适度扩大种植规模，大力改造低产低质胶园，不断提高单位面积产量。

云南优势区兼有大陆性气候和海洋性气候交错影响的特点，年均温为20～23℃，月均温高于18℃的月份有8～9个，最冷月均温在14.4～16℃，年降水量1 200～1 700毫米。每年5—10月的降水量占全年降水总量的90%左右，高温高湿同季，有利于胶树的生长和产胶[1]。每年11月至翌年2月的降水量为全年总量的3%～8%，干旱与低温也同期，利于胶树越冬。此处无台风影响，土层深厚而肥沃，气候温暖而湿润，日温差高达18℃，有利于胶树光合作用产物的积累和产胶，单产居世界先进水平[2]。该优势区包括了西双版纳、普洱、红河、临沧、德宏、文山等6个地（州）29个县（市）[3]。

6.3.6.3 广东优势区

虽然广东优势区的天然橡胶比较优势非常有限，甚至在某些方面缺乏比较优势，在国内不适合扩大天然橡胶种植面积，但是这也不能动摇广东作为天然橡胶生产优势区的地位。

广东优势区的水热条件良好，年均温22.2～23.3℃，月平均气温高于18℃的月份有9～10个，最冷月均温14.3～16.3℃，年降水量为1 600～2 200毫米，满足胶树正常生长和产胶的需要。该区包括粤西的徐闻、雷州、遂溪、廉江、电白、化州、高州、信宜、阳西、阳东、阳春等县市，以及粤东的揭阳和汕尾的局部地区[4]。

6.3.7 针对不同优选期望，建立相应的权重体系

鉴于海南、云南、广东三大天然植胶区的不同生产优势，考虑地理、气候环境各不相同（如海拔、温度、湿度、降水量），以及风、寒、病、旱等自然

---

① 中国天然橡胶优势区域布局规划［J］.农业工程技术（农产品加工业），2009（10）：4-7.

② 中国天然橡胶优势区域布局规划［J］.农业工程技术（农产品加工业），2009（10）：4-7.

③ 农业部发展南亚热带作物办公室.全国天然橡胶优势区域布局规划（2008—2015年）［R］.北京：农业部发展南亚热带作物办公室，2008.

④ 农业部发展南亚热带作物办公室.全国天然橡胶优势区域布局规划（2008—2015年）［R］.北京：农业部发展南亚热带作物办公室，2008.

灾害频繁，因此选择具有抗性的天然橡胶品种非常重要。

海南优势区宜以增强胶园的抗风、抗旱能力为中心，注重抗风、抗旱高产栽培技术的综合应用和胶园基本建设，大力栽培和推广抗风高产优良品种，尤其是在海南的东部及南部，因为台风的危害较中西部重。因此，海南优势区的天然橡胶品种所需的抗性首要的是抗风能力，其次是抗旱能力，在保证了上述条件的基础上取得高产。

云南优势区宜加快推广种植抗寒高产橡胶树新品种，整体增强橡胶树的抗寒能力。因此，云南优势区的天然橡胶品种所需的抗性首要的是抗寒能力，在保证了抗寒能力的基础上取得高产。

广东优势区的粤西南部地区以推广抗风高产品种为主，粤西的茂名、阳江及粤东地区以推广抗寒高产品种为主。因此，广东优势区的天然橡胶品种所需的抗性首要的是抗风能力，其次是抗寒能力，在保证了上述条件的基础上取得高产[①]。

为了解决如上问题，应实行多目标政策，于是由专家针对以下 3 个类型的天然橡胶品种给出不同项目指标的权重分配。

6.3.7.1　抗风、抗旱型的天然橡胶品种的权重分配

$$u_1=0.1,\ u_2=0.1,\ u_3=0.1,\ u_4=0.2,\ u_5=0.2,\ u_6=0.3, u_7=0.1 \qquad (6)$$

6.3.7.2　抗寒型的天然橡胶品种的权重分配

$$u_1=0.1,\ u_2=0.1,\ u_3=0.1,\ u_4=0.4,\ u_5=0.1,\ u_6=0.1, u_7=0.1 \qquad (7)$$

6.3.7.3　抗风型的天然橡胶品种的权重分配

$$u_1=0.1,\ u_2=0.1,\ u_3=0.1,\ u_4=0.1,\ u_5=0.1,\ u_6=0.4, u_7=0.1 \qquad (8)$$

6.3.8　Vague 适应性优选决策

计算精选的待优选新品种和理论上的理想品种的 Vague 集之间的加权相似度量。

6.3.8.1　抗风、抗旱型的天然橡胶品种的优选决策

应用 Vague 集 L 和 K 之间的加权相似度量公式（5），取参数 $m=2$，按

---

① 农业部发展南亚热带作物办公室 . 全国天然橡胶优势区域布局规划（2008—2015 年）［R］. 北京：农业部发展南亚热带作物办公室，2008.

（6）的权重分配，计算精选的待优选品种和理论上的理想品种的 Vague 集之间的加权相似度量。

结果如下所示。

$M_2(L_1, K)$=0.475，$M_2(L_2, K)$=0.581，$M_2(L_3, K)$=0.600，

$M_2(L_4, K)$=0.641，$M_2(L_5, K)$=0.543，$M_2(L_6, K)$=0.525，

$M_2(L_7, K)$=0.522，$M_2(L_8, K)$=0.322，$M_2(L_9, K)$=0.432，

$M_2(L_{10}, K)$=0.595，$M_2(L_{11}, K)$=0.804，$M_2(L_{12}, K)$=0.712，

$M_2(L_{13}, K)$=0.805，$M_2(L_{14}, K)$=0.794，$M_2(L_{15}, K)$=0.744。

按加权相似度量的数值（由大到小排序），得到精选的待优选品种的按抗风、抗旱型的天然橡胶品种，优选排序如下。

$$L_{13}>L_{11}>L_{14}>L_{15}>L_{12}>L_4>L_3>L_{10}>L_2>L_5>L_6>L_7>L_1>L_9>L_8$$

（符号"＞"表示"优于"）

因此，抗风、抗旱型的天然橡胶品种的优选决策的前 5 名依次为：L_{13}（大丰 –95）、L_{11}（热研 7–33–97）、L_{14}（云研 77–2）、L_{15}（云研 77–4）、L_{12}（海垦 1）。

6.3.8.2　抗寒型的天然橡胶品种的优选决策

应用 Vague 集 L 和 K 之间的加权相似度量公式（5），取参数 m=2，按（7）的权重分配，计算精选的待优选品种和理论上的理想品种的 Vague 集之间的加权相似度量。

结果如下所示。

$M_2(L_1, K)$=0.475，$M_2(L_2, K)$=0.515，$M_2(L_3, K)$=0.578，

$M_2(L_4, K)$=0.747，$M_2(L_5, K)$=0.487，$M_2(L_6, K)$=0.481，

$M_2(L_7, K)$=0.500，$M_2(L_8, K)$=0.386，$M_2(L_9, K)$=0.489，

$M_2(L_{10}, K)$=0.551，$M_2(L_{11}, K)$=0.764，$M_2(L_{12}, K)$=0.691，

$M_2(L_{13}, K)$=0.836，$M_2(L_{14}, K)$=0.847，$M_2(L_{15}, K)$=0.797。

按加权相似度量的数值（由大到小排序），得到精选的待优选品种的按抗寒型的天然橡胶品种，优选排序如下。

$$L_{14}>L_{13}>L_{15}>L_{11}>L_4>L_{12}>L_3>L_{10}>L_2>L_7>L_9>L_5>L_6>L_1>L_8$$

（符号"＞"表示"优于"）

抗寒型的天然橡胶品种的优选决策前 5 名依次为：L_{14}（云研 77–2）、L_{13}

（大丰 –95）、L_{15}（云研 77–4）、L_{11}（热研 7–33–97）、L_4（印度 RRII 208）。

6.3.8.3 抗风型的天然橡胶品种的优选决策

应用 Vague 集 L 和 K 之间的加权相似度量公式（5），取参数 $m=2$，按（8）的权重分配，计算精选的待优选品种和理论上的理想品种的 Vague 集之间的加权相似度量。

结果如下所示。

$M_2(L_1, K)=0.475$，$M_2(L_2, K)=0.581$，$M_2(L_3, K)=0.578$，

$M_2(L_4, K)=0.588$，$M_2(L_5, K)=0.571$，$M_2(L_6, K)=0.600$，

$M_2(L_7, K)=0.500$，$M_2(L_8, K)=0.290$，$M_2(L_9, K)=0.423$，

$M_2(L_{10}, K)=0.617$，$M_2(L_{11}, K)=0.857$，$M_2(L_{12}, K)=0.712$，

$M_2(L_{13}, K)=0.836$，$M_2(L_{14}, K)=0.847$，$M_2(L_{15}, K)=0.797$。

按加权相似度量的数值（由大到小排序），得到精选的待优选品种的按抗风型的天然橡胶品种，优选排序如下。

$$L_{11}>L_{14}>L_{13}>L_{15}>L_{12}>L_{10}>L_6>L_4>L_2>L_3>L_5>L_7>L_1>L_9>L_8$$
（符号 ">" 表示 "优于"）

抗风型的天然橡胶品种的优选决策前 5 名依次为：L_{11}（热研 7–33–97）、L_{14}（云研 77–2）、L_{13}（大丰 –95）、L_{15}（云研 77–4）、L_{12}（海垦 1）。

6.4 小 结

通过 Vague 适应性优选，可以得到如下结论。

海南优势区需增强胶园的抗风、抗旱能力，适宜种植 L_{13}（大丰 –95）、L_{11}（热研 7–33–97）、L_{14}（云研 77–2）、L_{15}（云研 77–4）、L_{12}（海垦 1）等品种。

云南优势区宜加快推广种植抗寒高产橡胶树品种，适宜种植 L_4（云研 77–2）、L_{13}（大丰 –95）、L_{15}（云研 77–4）、L_{11}（热研 7–33–97）、L_4（印度 RRII 208）。

广东优势区的湛江地区以推广抗风高产速生品种为主，适宜种植 L_{11}（热研 7–33–97）、L_{14}（云研 77–2）、L_{13}（大丰 –95）、L_{15}（云研 77–4）、L_{12}（海垦 1）等品种。

广东优势区的茂名、阳江及粤东地区以推广抗寒高产速生品种为主，适

宜种植 L_{14}（云研 77-2）、L_{13}（大丰 -95）、L_{15}（云研 77-4）、L_{11}（热研 7-33-97）、L_4（印度 RRII 208）等品种。

以上结论与专家的经验基本吻合，说明 Vague 适应性优选法适合于研究适应于不同目标的天然橡胶品种筛选，效果理想，同时也为解决这类问题提供新方法。

结果表明，传统的胶树品种如 RRIM 600、GT 1、PR 107 等，由于抗病力低、成材率低、胶产量低，已不适应当今天然橡胶产业的发展。中国国产的优良品种资源表现不凡，适宜在中国植胶区大规模推广种植。

例如，热研 7-33-97 由 RRIM600（Tjil1 初生代 × PR107 初生代）× PR107 选育而来，经过 20 余年的示范推广，已成为海南天然橡胶产业中的主推品种，在海南全省各市县均有种植和应用，仅在儋州等 9 市县应用面积就达到 78.21 万亩，约占海南植胶总面积的 11.5%。截至 2008 年年底，热研 7-33-97 开割面积 24.98 万亩，平均株产高于 RRIM600 和 PR107 等传统品种 30% 以上。开割第 3 年株产即可达到 4.5 千克 / 株，平均亩产达到 110 ～ 120 千克 / 亩，增产幅度约为 40%。热研 7-33-97 自推广以来，累计创造产值高达 20.25 亿元，增加产值 5.8 亿元，创造了巨大的经济效益。鉴于该品种较为抗风、抗寒及高产稳产的特性，其在琼北、琼中、广东等地仍有较为广阔的推广前景。

因此，良种推广应放在科技创新的首要位置，在开发新胶园和更新老胶园时，广泛选用国产优良品种，培育规划布局合理、品种优化配置、更新林地合理、管理规范的第二代高产稳产胶园，有助于提高单产水平，进一步缓解中国天然橡胶的供需矛盾。

在国内原有的种质资源和现有的抗风、抗寒种质材料相结合的基础上，继续引进国内外天然橡胶优良种质资源，丰富中国天然橡胶种质资源，培育出适合中国植胶区特点的优良品种，在生产上进行全面推广应用，促使中国天然橡胶产业可持续发展。

7

全球化背景下的中国天然橡胶供给安全对策研究

7.1 中国天然橡胶供给安全对策

中国的天然橡胶产业是一个可持续发展的、有一定竞争力的优势产业，但国内资源满足不了不断增长的国内市场的需要。为保障中国经济建设和国防安全，避免受制于人，中国天然橡胶要在充分利用国际资源的同时，还要大力发展国内生产，逐步增强国内基本需求的安全供给保障能力。全面提高产业体系的竞争力，正面出击，在国内市场与国际市场全面对接中进行国内资源与国际资源的整体循环，实现中国天然橡胶产业的市场化、现代化和国际化。

2020 年是全面打赢脱贫攻坚战收官之年，是全面建成小康社会的目标实现之年，是中央部署进一步推进农垦改革发展、实现主要目标的重要时点之年。2020 年农业农村部农垦局有关天然橡胶的重点任务是指导天然橡胶产业提质升级。着眼确保供给保障能力，提高资源生产力、国际竞争力和国家供给安全战略掌控力。一是做好"十四五"顶层设计。科学编制《天然橡胶生产能力建设规划（2021—2025 年）》，研究确定建设目标、工程任务、投资测算，着力提高我国天然橡胶综合生产能力，保障国民经济关键领域用胶安全。二是启动天然橡胶生产保护区精准支持政策研究。围绕建设好、管护好天然橡胶生产保护区，研究协调创设保护区精准支持政策，支持主产区开展天然橡胶收入保险试点，探索生态胶园建设模式，推动建立混合橡胶标准制度。三是组织开展特种胶园认定。对标国家重大战略、不可替代的需要，准确诊断生产、技术、经营体系的强项与短板，优势与弱势，开展特种胶园认定工作，指导建立健全特种胶产业链利益协调保障机制。扎实推进特色热作绿色高质量发展。同时，加强农业对外合作指导和服务。

7.1.1　加大天然橡胶种质资源引进、保护和利用力度

天然橡胶种质资源是不可再生的自然资源，一旦消失，任何方法都难以再造，不同种质可能含有不同的已知或未知的有益基因，因此在种质资源收集、整理、鉴定、评价和创新的基础上，应做好天然橡胶种质资源的保存工作。

随着科学技术的进步，天然橡胶品种层出不穷，新的优质高产的天然橡胶品种逐渐代替了古老低产但有特殊性状的原有天然橡胶品种，致使一些原有天然橡胶品种闲置不用而被淘汰，天然橡胶品种单一化和遗传基因日趋贫乏，导致种质资源遗传侵蚀。因此，挽救原有天然橡胶品种和发掘野生种或近缘野生种，引进野生植物的特殊基因的新种质（尤其是抗病、抗逆性和含有某些化学成分的材料）更具有重要的战略意义，它将为日益深入的绿色革命（杂交育种和基因工程）发挥更大的作用。

橡胶品种资源有的已在生产上大面积种植，有的很少种植，或已不种植，但每个品种都具有某些特异性状，如抗寒、抗风、抗病等特性。随着新品系的育成好和大面积推广使用，以及胶园更新换植越来越多，具有某些特异性状而较低产的品种资源，易被忽视而不适用，甚至有消失的可能。矮生、半矮生资源，早花资源，抗寒、抗风、抗病资源，多倍体资源均是橡胶杂交育种的宝贵材料。这些特异材料是生物经济时代基因工程与产业化生产的不可替代的宝贵原材料，是科技创新的基本物质。它的使用将会产生多样性的遗传变异类型，为选育高产、抗逆性强的新品系和缩短选育种周期方面创造极为有利的条件。

对于1981年国际橡胶研究与发展委员会（IRRDB）组织的多国联合考察团，深入巴西亚马孙河流域的热带雨林采集巴西橡胶树野生种质，建立系比区试验，选出高产优良初生代无性系，然后在入选的初生代优良无性系之间或与当前已有育成的优良品系再杂交一代，使新的遗传基因加入到老品系中去，经过基因重组后选出超高产或抗性优良的新品系。

同时，巴西作为橡胶树的原产地，收集有大量的天然橡胶野生种质，这些

资源具有培育新品种的巨大潜力。加快从巴西引进天然橡胶种质，尤其是野生种和近缘种，以丰富中国天然橡胶种质资源库，解决育种材料缺乏的问题，从而为培育适宜中国的天然橡胶新品种奠定基础。

目前，中国国家橡胶树种质资源圃保存橡胶种质资源 6 075 份，已成为全国最大、天然橡胶种质资源保存最完整的天然橡胶种质资源圃，成为我国橡胶树资源保存中心、资源创新中心和资源开发中心，为我国橡胶树种质资源的安全保存、维护、鉴定和创新利用提供了较好的保障。

总之，橡胶树种质资源是橡胶树新品种选育研究及科学发展的重要物质基础，是中国重大战略性基础资源，也是中国天然橡胶产业和科学研究事业生存与发展的宝贵财富，更是 21 世纪中国天然橡胶产业持续发展的基本保障。只有掌握类型丰富、性状优良的橡胶树种质资源，才能选育和推广应用适合中国特殊植胶环境特点的橡胶树新品种，这对稳定和发展中国天然橡胶事业有着极其重要的现实意义，同时对天然橡胶生产、加入世界贸易组织后的国际化竞争、生物多样性保护、科学研究、人类历史文化、社会可持续发展、环境保护以及社会稳定等方面具有非常重要的战略意义。

7.1.2　大力推进老胶园更新改造

由于天然橡胶的经济寿命高达数十年，种质的质量决定了胶园之后二三十年的经济效益，种植材料尽量选用高产优质种质资源，否则将会长期影响胶园的经济效益。

在天然橡胶优势植胶区内，调整优化天然橡胶种植结构，要将树龄在 35 年以上的胶园全面实施更新，换成抗性（抗寒、抗风、抗病）高产的优良品种，重点推进农垦历史遗留低产残次胶园的更新改造。通过新技术的综合应用，使单产提高 20% 以上，全国平均亩产干胶 100 千克。尽快改变目前橡胶树品种老化和结构比较单一的状况，按计划迅速将引进的胶木兼优品种扩大布点，扩大国内新选育高产高抗无性系的种植面积。

结合中国天然橡胶优势区域布局规划，扩大种植规模，调整胶园布局，扩大良种面积。同时，使天然橡胶的种植区域从风害、寒害频繁的海南东部、广东雷州南部、广西和福建等地，逐步向海南中西部、云南西双版纳、广东粤西局部等风寒害较轻的橡胶宜植区转移。

7.1.3 对民营橡胶进行技术扶持

中国民营橡胶发展迅速，农民自发种植橡胶树的积极性高，而农民种植橡胶的技术落后，因此应对民营胶农加强科学普及、技术培训，把一些较成熟的植胶技术、成功的管理经验推广应用到民营橡胶产业中，以延长橡胶树的经济寿命，持续增加胶农的经济收入。

坚持走"稳定面积，适当发展，提高单产"的道路。首先，要稳住现有的种植面积；其次，要根据市场的需求，调整产业结构和作物布局，适当地调整和适量扩大种植面积；最后，最重要的是提高单产和可持续利用。

7.1.4 建成拥有自主开发能力的科研体系

通过自主创新特别是原始创新，开发橡胶树的生产潜力，推广大幅度提高橡胶树单位面积产量的新理论、新技术和新措施，解决天然橡胶生产中重大科学问题，大幅度增加中国天然橡胶生产总量，促进中国天然橡胶产业升级换代。

各天然橡胶科研机构要分工明确，在开展农业科学研究、推广及人才培养方面各负其责，有力推动农业科技研究、农业推广的发展，促进科技成果转化。加快橡胶产业的产学研有机结合，形成强大的基础性、前沿性、应用技术性和公益性研究能力和解决产业升级的技术难题的能力，为天然橡胶发展提供技术支持，同时还可以将科研成果尽快转化为现实生产力。

7.1.4.1 展开天然橡胶生产重点领域研究，加快成果转化

（1）胶树种质资源保护创新与育种新技术

根据中国植胶区宜栽品种较少的产业种植品种结构特点，结合中国植胶区低温、台风危害频繁等自然环境条件，以种质资源创新利用为突破口，通过种质资源的鉴定评价，筛选和创新利用速生、高抗、高产优异种质材料，为新品种选育和育种技术研究提供优异种质材料；开展橡胶树生长、产胶、抗性等相关基因分子标记，克隆及其功能调控等研究，探索在分子水平上进行产量等早期预测的可能性，以缩短选育种周期；进一步加强橡胶树体胚植株诱导和微扦插繁殖技术研究，形成完善的橡胶树自根幼态无性系的繁殖推广体系技术。

目前，仍需要加强橡胶树种质资源的收集、保护、鉴定、评价和创新利用

研究，为培育新型种植材料打下基础；发展橡胶树分子辅助育种技术，采用现代分子生物学技术和常规选育种技术相结合的方法，完善苗期产量等性状的早期预测技术，提高新品种选育效率；以胶木兼优品种选育和推广应用为重点的新品种选育研究；开展橡胶树细胞悬浮培养技术研究，优化橡胶树组织培养技术，逐步开发橡胶树组培苗商业化生产技术；继续探索和完善橡胶树遗传转化体系；加强产胶性状相关的功能基因组、转录组和蛋白质组学研究，为橡胶树应用基础研究和通过基因工程手段培育高产、抗逆和胶木兼优的橡胶树新品种及开发橡胶乳管生物反应器打下良好基础。

（2）橡胶树新品种的选育与推广

品种是作物生产的基础。坚持以常规育种为主，自育与引进相结合的选育种方针，是中国橡胶树选育种的重要策略。

一是继续加强现有胶木兼优品种适应性试验和品种特性研究。二是引进国外（印度尼西亚）胶木兼优品种。三是在加速国外优良品种引进试种的基础上，突破传统的以综合性状（如高产、抗性）表现为主的亲本选择方法，通过常规育种技术和现代育种技术相结合，筛选性状互补的杂交组合，实现多性状遗传改良，选育符合中国植胶区生态环境条件和产业发展需求的高产抗风抗寒新品种和胶木兼优新品种。四是选育出胶木兼优品种在生产中推广应用，并筛选出具潜力的胶木兼优无性系参加新一轮的适应性试种。

（3）橡胶树组织培养技术优化与遗传转化体系建设

橡胶树组织培养技术是现代生物技术的基础，是橡胶树遗传改良、橡胶树种植材料改进和橡胶树科学实验水平提高的关键。虽然中国早在1977年就首先提出了橡胶树花药组织培养技术，但橡胶树体胚培养技术的发展过于缓慢，目前橡胶树体胚发生技术成苗率低甚至一些品种还无法诱导成苗。遗传转化体系是橡胶树基因工程、乳管生物反应器等方面研究的关键技术，也是中国在橡胶树转基因研究方面需要尽快攻克的瓶颈技术之一。

（4）橡胶树高产、速生及抗性的功能基因组、转录组与蛋白质组学研究

为进一步加强相关基础研究，拟从功能基因组学与蛋白质组学水平，研究橡胶树生长、橡胶生物合成、排胶及产量刺激和抗逆性等相关的重大理论问题，重点研究橡胶粒子和黄色体的蛋白质组学，构建橡胶树生长、产排胶等重要性状的基因表达谱及蛋白质相互作用的数据库，揭示橡胶树生长、产排胶等

性状的基因表达及其分子调控规律，克隆和鉴定一批具有重要性状的功能基因和蛋白质，为通过基因聚合、遗传转化等生物工程技术培育高产抗逆、胶木兼优的橡胶树新品种和研制新型安全高效的产量刺激剂提供重要依据和基础材料。

（5）橡胶树抗旱栽培原理与技术

干旱使橡胶树的生长受阻、抽叶减慢、植株回枯死亡、过冬落叶和开花提早、割胶时间缩短、产排胶受阻、胶乳产量下降。在中国植胶区，春旱影响往往导致推迟开割，所造成的减产损失远远大于台风的影响。但国内外对橡胶树抗旱栽培研究却相当薄弱。

因此，有必要开展橡胶树旱害机理研究，探索橡胶树旱害减灾机理及技术，完善橡胶树抗旱栽培理论和提出针对现有橡胶园的旱害应对措施；开展胶木兼优品种栽培模式研究，为胶木兼优品种的推广使用提供配套栽培技术。

主要研究橡胶芽接树的根系吸水、木质部输水和代谢失水特性，系统了解橡胶树抗旱种植材料；采用分子技术改良橡胶树抗旱遗传性状；建立橡胶林人工生态系统的水分平衡关系数字模型，从不同方面、不同层次研究巴西橡胶树的抗旱栽培机理与技术。

（6）橡胶树高效营养机理（包括养分贮藏机理）与利用研究

中国为非传统植胶区，橡胶树在长期开割中养分流失严重，因此，研究橡胶树高效营养机理是指导合理施肥，提高橡胶树对肥料的吸收利用效率，提高橡胶树高产生产潜力的重要课题。

一是橡胶树高效矿质营养机理，包括橡胶树对矿质养分的吸收、运输、分配、贮藏、转化以及环境因素的影响和调控措施等研究，提出不同品种橡胶树在刺激割制下的诊断与配方施肥方法。二是橡胶树逆境营养机理，主要研究橡胶树在水分、养分胁迫等条件下的营养机理及调控措施。三是橡胶树割面营养机理，主要研究橡胶树割面养分吸收利用规律，通过割面进行营养快速有效补充，提高橡胶树产排胶能力的恢复。四是橡胶树高效营养遗传机理，通过植物营养分子生物学的手段，对橡胶树进行高效营养基因型的遗传改良。

（7）橡胶树死皮发生机理与持久防治技术

橡胶树死皮是百年难题，是提高橡胶单位面积产量的限制因子，给橡胶种植业带来严重危害，造成巨大的经济损失。

因此，有必要开展橡胶树死皮发生的机理及其持久防治技术的研究，查明当前橡胶树死皮发病率大幅增长的原因，提出遏制死皮发病率快速上升的应急措施和方法，探索橡胶树死皮持久控制技术或综合防治措施；开展橡胶树割口愈伤机理研究，完善和推广橡胶树割口（面）愈伤保护技术。

（8）橡胶树先进栽培技术组装集成与推广

为提高中国在非传统植胶区条件下包括广大民营胶园在内的植胶技术水平，必须加快科技成果的推广。但一些单项成果或技术植胶者不易掌握，使得单项成果 / 技术集成配套的优势不明显。

因此，有必要完善橡胶树微割技术并进行相关技术配套集成，力争早日进入海南等国有农场的橡胶生产性应用程序；进一步完善新品种栽培技术的组装配套，为产业升级发展提供新一代良种良法；开展橡胶树种子贮存技术研究，完善橡胶树籽苗芽接技术，促进橡胶芽接苗工厂化生产；配套、完善和推广橡胶园精确施肥技术；以良种苗木和割制改革技术为主导，科技咨询服务为主要形式，快速提升民营胶园生产技术水平和持续生产能力。

7.1.4.2 从技术层面上提高单位面积产量

（1）丰产栽培理论上有重大突破

目前橡胶树实际干胶产量（1 270 千克 / 公顷）与理论产量（6 000 ～ 10 500 千克 / 公顷）之间仍有巨大差距，需要在理论上突破以指导丰产栽培技术的发展。

（2）解决橡胶树死皮问题

目前，中国橡胶树死皮停割树约占开割树的 20% 或以上，有的甚至高达40%，严重制约天然橡胶总产的增加。

（3）加强橡胶树抗旱、抗风栽培技术的研究与应用

早春干旱往往导致长时间推迟割胶，其中最严重的是 2005 年旱季，几乎使整个海南推迟近 2 个月割胶（干旱危害范围很大，仅海南推迟割胶 1 天就可减少干胶产量约 1 000 吨）。另外，台风是海南植胶区的主要限制因子，2005年"达维"台风导致海南损失橡胶树 938 万株[1]，2017 年"威马逊"台风又重创了海南、广东植胶区。

---

① 张玉凤 . 海南农垦低产橡胶林改造技术初探［D］. 海口：海南大学，2008.

7.1.5 加速科技成果转化与推广及科技服务工作

通过对自主创新成果转化和对先进实用技术的熟化、集成和推广，加速科技成果转化，服务"三农"，以提高中国天然橡胶产业的整体科技水平，推动热区社会经济发展和增加农民收入。

建立多部门参与的农业推广机制，将行政部门，协会，企事业单位、大专院校、民间社团纳入农业推广教育体系，各部门互相配合、渗透，都为农业经营、人才培训、农村建设、农民生活提供推广教育服务。

全面加强与各垦区生产管理部门的联系与合作，重点推广橡胶树微割技术、橡胶树新型种植材料、围洞法抗旱定植技术等。

在民营胶园方面，加强与地方管理部门的沟通与联系，实施科技入户工程，加强科技下乡和科技咨询工作，采取措施加强民营橡胶生产技术培训工作，不断提高胶农的科技素质和生产操作技术水平。重点推广橡胶树良种苗木及其配套栽培技术，普及科学割胶技术，推荐营养诊断配方施肥技术等。

7.1.6 强化天然橡胶技术服务中心职能

使天然橡胶技术服务中心提供的服务内容广泛化，包括向农民提供农事、家政教育，开展信用、供销、保险等项业务活动和服务工作；进行产前、产中、产后等系列服务，有土壤、植株、肥料、水体等样品分析，橡胶种植过程中的肥料施用、种植方法、混作方法、橡胶林改造、橡胶林土壤评价、水土保持、橡胶林管理等技术与管理指导，因地制宜引进良种苗木，橡胶育种、种植推荐、橡胶病虫害和杂草防治、育苗技术等专家咨询，橡胶无性系鉴定和橡胶病害诊断服务，橡胶种植材料（包括芽条和袋苗），橡胶杀菌剂和除草剂使用效果的技术评价等；进行农业经营管理、农情及市场信息咨询，农业高新技术传授等多功能全方位的推广教育服务工作。

7.1.7 加快推进天然橡胶生产示范园建设

在天然橡胶主产区创建一批品种优良、技术先进、制度健全、管理规范的生产示范园，主要通过开展中间试验、示范将高新技术、复杂技术推广到农民手中，将试验研究与示范园有机结合，科技成果能迅速转化成生产力。新品种培育出来之后，能及时在示范园繁育和推广。通过集成技术和集中投入，支持优质高产技术研发与示范、病虫害防控和农业机械化等关键技术的研发及产业化应用，定期组织推介活动，成为农户认识新品种、学习新技术、交流好经验的场所，从而提高天然橡胶的生产力。

7.1.8 建设灵敏的天然橡胶产业预警预报机制及自我保护体系

7.1.8.1 建立灾害预警预报系统

针对中国天然橡胶种植业灾害危害严重的状况，建立系统、科学的灾害预警预报系统，以尽量减少灾害的不利影响。可以进行如下研究：一是分析研究主要自然灾害对天然橡胶产业的影响，提出天然橡胶生产自然灾害减灾对策；二是与气象局等相关部门合作，研究主要自然灾害成灾规律与灾害形成的指标体系；三是加强天然橡胶有害生物的风险分析和病虫害预测预报，提高对危险性疫病虫害的防范和控制能力；四是合理评价防灾和抗灾生产技术和生产经营策略，推广科学的减灾技术和高效生产经营策略；五是建立快速、准确的成灾状况评价体系，及时提出合理的救灾对策和技术措施建议；六是建立天然橡胶产业的灾害成灾数学模型，为灾害模拟研究、预警预报、管理决策提供科学平台。

7.1.8.2 灵活运用贸易政策工具

继续开展天然橡胶市场预警预报工作，及时跟踪国际市场动态、需求变化趋势。加强对产业的生产情况、比较优势、贸易情况、产业扶持以及技术性贸易堡垒等方面信息收集、分析、预测和发布，当进口量快速增加并对国内天然橡胶产业造成伤害时，及时提出贸易保护申请，运用世界贸易组织贸易争端解决机制，提出保护和支持天然橡胶产业发展的政策建议，推动建立稳定增长的长效机制，有效选择反倾销、反补贴和保障措施，保护国内天然橡胶产业免受不公平待遇，切实为企业、农民提供信息服务。

还可以建立适当的非关税壁垒，加强产品质量安全监管，提高产品质量标准，防范有害生物入侵，必要时可通过设立产品质量检验和检疫标准等非关税措施，对相关产品的进口进行监管和调控。

7.1.9　加强国际科技合作与交流

天然橡胶种质资源的保护并非单靠个人或一个课题组就可以做好，需要不同地区、不同课题、多位专家的参与，展开协同、协作和通力合作。例如，总部设在新加坡的国际橡胶研究组织，总部设在吉隆坡的天然橡胶生产国协会（ANRPC）和国际橡胶研究与发展委员会（IRRDB），以及在法国的国际发展农业研究中心（CIRAD），均在天然橡胶研究方面处于领先地位。

中国应当加强与上述组织和其他国家间的科技合作，可以通过加大对外开放力度和承担国家"走出去"战略相关技术服务项目等，通过派出去、请进来等加大科技交流和开展某些领域的国际合作，尤其是基础研究领域，提高中国天然橡胶科技人员素质。

7.1.10　大力实施"走出去"战略

引导、扶持具备一定经济实力、技术研发能力和较高管理水平的企业实施"走出去"战略，在金融、信贷、保险和关税等方面给予必要的优惠政策，提高境外天然橡胶资源合作开发能力，同时提高国内供应保障能力。利用国内、国外"两种资源、两个市场"，努力完成"天然橡胶生产保护区面积维持在1 800万亩，年产120万吨以上"的既定目标。

但从长远来说，"走出去"战略缺乏对资源的完整自主控制权，只能作为国家对天然橡胶资源需求的补充来源。

7.1.11　加强扶持基础设施建设

热区基础设施薄弱，民营胶园的基础设施建设尤其薄弱，需要不断改善生产园区道路、交通、运输、田间水利、电、信息网络、良种繁育基地和病虫害防治等基础设施建设。

根据《国家天然橡胶基地建设规划（2016—2020年）》，2016—2018年，农业农村部会同国家发展改革委累计安排中央预算内资金6.19亿元，支持海南、云南、广东垦区橡胶基地基础设施、胶园更新和科技研发等方面建设。其中，累计安排海南财政建设资金3.96亿元，建设胶园25.76万亩。2017年，国务院印发《关于建立粮食生产功能区和重要农产品生产保护区的指导意见》

（国发〔2017〕24号），明确划定和建设天然橡胶生产保护区1 800万亩。各有关省正在按分解任务进行落实，其中海南省为840万亩。由此看出，中国已经将基础设施建设、公益性的项目投资纳入国家公共财政投入计划，例如农田水利基础设施建设、标准化示范基地建设、主推品种及主推技术推广、病虫害防治等，并增加相应的资金投入。

同时，还应加大对热区区域性扶贫、生态脆弱区的保护等绿箱政策的支持力度，改善热区农业生态环境，实施可持续发展战略；加强沿海热区防洪设施建设，减少生产风险，确保产业稳定发展；加大热区农业综合开发资金的投入，重点建设天然橡胶水利设施，进行中低产作物综合治理和改造。

7.2 　中国天然橡胶供给安全政策建议

7.2.1 　增加科技基础设施的投入

增加对天然橡胶科技创新体系建设和重大基础研究的投入，改善天然橡胶基础科研条件，建立和完善科研平台，支持天然橡胶基础技术和应用技术的研究，重点解决下列四个方面的问题。

一是天然橡胶种质工程建设。国家对天然橡胶种质资源拥有主权，应列入基础研究和公益事业予以重点支持，对濒危、珍稀资源要抓紧抢救保护。对国内外优良的、特异性的、基础的基本资源应广泛搜集、整理、应加大种质资源鉴定、分析和开发利用力度。扶持建立一批天然橡胶种质资源保护中心和苗圃，在充分利用国内优良品种资源的基础上，积极引进、选育国外优良品种，尽早在优质品种、抗病虫品种、耐贮藏品种选育上取得突破。坚持资源保护和开发利用相结合，提高天然橡胶种质资源利用率，充分发挥天然橡胶种质资源在天然橡胶产业科技创新中的基础作用。

二是建设一批天然橡胶生产良种繁育基地。形成自上而下的三级苗木繁育体系，推广一批适合国际消费趋势的天然橡胶新品种，加快天然橡胶品种的更新换代步伐。以国家实施对天然橡胶良种补贴政策为契机，加快天然橡胶良种苗木工程的配套完善，加大天然橡胶良种苗木的繁育力度，通过开展橡胶良种繁育技术培训，进一步规范种苗管理，保障良种供给。

三是加强病虫害的研究和预防工作。加强对自然灾害和病虫害的预测预报研究，建立病虫害监测与应急防控体系，建立健全中国以至全世界的天然橡胶病虫害信息监测与应急联网共享机制。建立无病毒种苗良繁中心，完善无病毒种苗良繁体系。

四是完善天然橡胶科技推广服务体系。做好科技咨询、科技推广工作，增强生产技术服务能力，增加胶农的培训力度，提高生产技术水平，提高科研成果转化率。为更好地发展民营橡胶生产，国家应当对民营橡胶设立专项，在经费上给予适当支持，对胶农进行技术培训，以延长橡胶树的经济寿命，持续、稳定地增加胶农的经济收入，确保民营橡胶业地健康稳定发展。

7.2.2 完善扶持天然橡胶产业发展的财政补贴政策

根据天然橡胶产业发展的需要，加大补贴力度，拓宽补贴范围，不断完善财政扶持政策。

一是全面推进良种补贴。设立天然橡胶产业发展基金，在天然橡胶优势植胶区域内全面开展良种补贴，把补贴范围扩大到低产胶园改造和老胶园更新，确保新植胶园和更新胶园普遍采用优质种苗，提高中国的天然橡胶的单产水平。

二是积极探索启动天然橡胶非生产抚管期补贴政策。设立的天然橡胶产业发展基金，把补贴范围扩大到胶园非生产期抚管、科技推广队伍建设、加大科技创新、技术培训和新产品开发及加工工艺提高等领域，并按产出量向天然橡胶生产企业和胶农予以补贴。

三是建立健全天然橡胶国家政策性保险体系。农业政策性保险制度已是世界各国通行的农业保护措施之一。在发达国家如美国和日本，均有专业的农业保险机构。美国政府扶持农业保险的手段是向农民补贴保险费，或向农业保险办理机构提供经费补贴。加大财政对天然橡胶保险支持力度，增设天然橡胶自然灾害风险专项资金或出资资助设立政策性保险，建立天然橡胶灾害补偿机制，提高中国天然橡胶产业抵御自然风险和市场波动风险的能力，保障热区植胶农民收入。

四是把天然橡胶林地建设列入退耕还林和荒山造林补贴树种的政策之列。由于橡胶林是世界上开发热带地区最成功的人工生态系统，国家有必要从水土保持、环境保护角度，在政策和资金方面给予重点资助，扶持天然橡胶种植业。同时，在农业综合开放、扶贫开发、小流域治理及其他有关政策的制定中尽量与天然橡胶产业发展相结合，最大限度地发挥各方政策的推动作用，促进天然橡胶优势产业带建设。

7.2.3 完善天然橡胶国家战略储备调节长效机制

天然橡胶国家战略储备（库存）是中国经济安全的重要保证，目前中国天然橡胶进口依赖程度已经达到 80%，使中国胶价受国际价格波动的影响越来越严重，没有相对稳定的天然橡胶库存，就难以有效保证国内天然橡胶价格的稳定。

除正常储备外，要借鉴国际橡胶组织建立缓冲库存的模式和泰国、印度尼西亚、马来西亚的做法，完善天然橡胶市场调节制度，加强国家对天然橡胶生产、收储的宏观调控，出台天然橡胶收储预案，重点建立保证中国天然橡胶市场平稳运行和价格相对合理的收储调节机制。

完善国家天然橡胶战略储备，把它作为抵御国际价格强势震荡，保障国内天然橡胶市场和价格稳定的重要手段，通过国家财政补贴部分仓储费用，建立以国家、行业协会、国有农垦企业或有条件的公有制天然橡胶生产企业共同参与的国家战略储备和企业储备相结合的风险保障体系，从而确保天然橡胶的持续供应，避免天然橡胶国际价格风险，调节天然橡胶价格的过度波动。

积极应对市场变化对天然橡胶产业发展，在价格过低时收购以稳定价格，稳定市场，保护胶农利益，巩固生产基地；在价格过高时抛售，以平抑价格，降低用胶企业的原料成本，保证橡胶制品企业正常生产。

7.2.4 加大其他宏观调控和政策支持力度

目前，天然橡胶产业在研发、技术推广和培训、信息设施和病虫害防治等"绿箱"政策上有一些投入，其他"绿箱"政策诸如检验、基础设施服务、胶园结构调整投资补贴、资源休作项目及投资援助、天然橡胶保险计划、自然灾害救济补贴、自然灾害救济等都没有实施。应当实施中国天然橡胶产业发展的相关配套扶持政策，积极运用税收、贴息、补助、保险等多种经济杠杆，为天然橡胶产业保驾护航。

　　而且，中国目前也没有实施如价格支持补贴、营销贷款、种植面积补贴、生产投入要素补贴等"黄箱"政策。应当整合现有各项惠农、支农资源，争取在农用水、农用电、农用柴油、化肥、农药、良种繁育推广、机械设备等生产投入方面对胶农实行优惠价格。

主要参考文献

安邦咨询.东南亚橡胶生产国面临供应过剩困境［J］.时代金融，2014（16）：41-42.

安锋，林位夫，王纪坤.我国巴西橡胶树种植业前景展望［J］.中国热带农业，2017（6）：6-9.

曹梦晗，许能锐，邹文涛.“一带一路”背景下我国与东盟国家天然橡胶产业的竞争与合作分析［J］.中国热带农业，2019（2）：4-8.

曹旭平，沈杰，杨晓东.中国天然橡胶安全的预警系统及实证测度［J］.资源开发与市场，2009，25（9）：798-800.

陈国林.云南天然橡胶产业发展研究［D］.北京：清华大学，2005.

陈圣文，毛新翠.世界天然橡胶产业发展研究分析报告［J］.中国热带农业，2020（1）：29-34，59.

陈曦，张成，李晓宇.泰国橡胶产业的发展情况［J］.农村实用技术，2019（5）：3-5.

程泽信.湖北家畜品种资源保护的现状分析及对策研究［D］.北京：中国农业大学，2004.

代冬芳，俞会新，李书彦.河北省农产品比较优势分析［J］.河北工业大学学报，2006，35（5）：51-55.

代冬芳.河北省农产品比较优势及国际贸易发展策略研究［D］.天津：河北工业大学，2006.

邓须军.海南省天然橡胶产业的经济学分析［D］.儋州：华南热带农业大学，2006.

董政祎，王玉斌.基于Rotterdam模型的中国天然橡胶进口需求分析［J］.资源开发与市场，2018（3）：309-315.

段保停，张孝云，杨世华，等.云南德宏农垦橡胶品种调查报告［J］.中国热带农业，2017（3）：30-34.

方佳，杨连珍.世界主要热带作物发展概况［M］.北京：中国农业出版社，2007.

方佳，张慧坚.国内外热带作物产业发展分析［M］.北京：中国农业科学技术出版社，

2010.

冯娟.天然橡胶期货市场有效性的实证分析［D］.儋州：华南热带农业大学，2005.

傅国华，许海平，安建梅.中国天然橡胶产业比较优势分析［J］.中国热带农业，2008（1）：
8-9.

傅国华，许海平.世界主要产胶国发展橡胶产业的政策比较［J］.中国橡胶，2007，23
（9）：4-6.

高帆，吴政.中国地区粮食生产的优势：一个比较分析［J］.当代经济科学，2005（6）：
19-25.

广东农垦信息网.橡胶产业［EB/OL］.http://www.guangken.com.cn/.

国务院.国务院文件：巩固天然橡胶生产能力［J］.橡塑技术与装备，2019（7）：63.

国务院办公厅.关于促进我国天然橡胶产业发展的意见［R］.北京：国务院办公厅，2007.

何春涛，卢升信.泰国广垦橡胶（沙墩）有限公司建成［J］.中国热带农业，2005（4）：15.

侯凤霞.印尼天然橡胶考察情况［J］.中国橡胶，2006，22（18）：24-25.

侯军岐，王卫中.世界种子产业发展及启示［J］.世界农业，2008（5）：13-15.

黄佩妮.印度尼西亚对中国橡胶出口贸易研究［D］.合肥：安徽大学，2019.

黄先明.从天然橡胶产业安全角度看中国与东盟的合作［J］.黑龙江对外经贸，2006（3）：
14-15.

黄先明.天然橡胶国际价格形成机制研究［D］.南昌：江西财经大学，2006.

黄循精，黄艳.全球天然橡胶的产销现状与未来展望［J］.橡胶科技市场，2006（1）：6-9.

黄循精.话题二：国内外天然橡胶市场情况（一）［J］.中国橡胶，2007，23（14）：18-23.

黄循精.我国天然橡胶市场需求预测与未来发展［J］.中国橡胶，2006，22（2）：10-14.

黄宗道.我国天然橡胶业面临的挑战和发展战略［J］.中国工程科学，2001，3（2）：
28-32.

江军，张慧坚，王鸿绪，等.基于Vague集的天然橡胶品种优化评估研究［J］.广东农业科
学，2011（6）：200-201，206.

蒋和平.中非农业合作的思路与政策建议［J］.农业科技管理，2008，27（6）：5-7.

焦琳.中国软件外包产业发展分析及策略研究［D］.太原：山西财经大学，2010.

柯佑鹏，过建春.初探中国天然橡胶预警预报系统的建立［J］.林业经济问题，2006，26
（5）：401-405.

柯佑鹏，过建春.关于我国天然橡胶安全问题的思考［J］.中国农垦，2006（2）：37-40.

柯佑鹏，过建春.中国加入关贸总协定对国产天然胶业的影响及其对策研究［J］.热带农业科学，1993（2）：50-53.

柯佑鹏，过建春.中国天然橡胶安全问题的探讨［J］.林业经济问题，2007，27（3）：199-205.

柯佑鹏，过建春.重视天然橡胶安全问题［J］.中国热带农业，2007（1）：7-9.

柯佑鹏，谭基虎，过建春，等.我国NR安全问题的探讨［J］.橡胶工业，2006，53（12）：764-767.

赖群珍，陈成斌，梁世春，等.加强农业种质资源保护软环境建设的思考［J］.广西农学报，2003（5）：46-49.

赖群珍.作物种质资源共享机制探讨［J］.中国种业，2007（9）：12-14.

李达，张绍文.天然橡胶产业发展政策分析：红线与红利［J］.林业经济问题，2020（2）：208-215.

李红侠，张文彬.甜菜在农作物中的比较优势分析［J］.中国甜菜糖业，2006（4）：14-17.

李华胜.广西种业体系改革与发展研究［D］.北京：中国农业大学，2006.

李建强，祖立义，钟秀玲.种植业比较优势分析——以四川省为例［J］.农村经济.2005（9）：47-49.

李相合，范淑芳."蛛网理论"与农业持续稳定增长［J］.内蒙古师大学报（哲学社会科学版），2000，29（6），20-27.

李一萍，茶正早，李玉萍，等.天然橡胶研究前沿及其演进的可视化分析［J］.热带作物学报，2019（4）：793-806.

梁金兰.泰国天然橡胶产业透视［J］.世界热带农业信息，2004（11）：3-5.

梁金兰.中国投资者在马来西亚发展天然橡胶产业［J］.橡胶科技市场，2006（10）：22.

廖雨葳，罗富晟，傅国华.基于CiteSpace的我国天然橡胶产业经济研究［J］.热带农业科学，2020（2）：99-108.

林爱京.中泰天然橡胶贸易发展研究［D］.北京：对外经济贸易大学，2007.

林有兴.大湄公河次区域天然橡胶产业发展概况及合作思考［J］.热带农业科技，2005，28（1）：16-21.

林郁，李学林.云南省主要农作物生产比较优势与布局探讨［J］.经济问题探讨，2005（5）：142-144.

刘海清，胡盛红.海南热带水果生产优势的比较分析［J］.中国农学通报，2009，25（7）：

254-257.

刘建玲.国产天然橡胶销售市场面临的形势及对策建议［J］.中国热带农业,2008（6）:
4-8.

刘雪,傅泽田.我国蔬菜生产的区位比较优势分析［J］.中国农业大学学报,2002,7（2）:
1-6.

卢垚.中国天然橡胶期货与现货价格关系实证研究［D］.北京:北京大学,2007.

马丽红.中泰天然橡胶业合作研究［D］.海口:海南大学,2008.

马鹏帅.海南橡胶国际化战略咨询报告［R］.海口:海南省农垦总局,2010.

马维德.印度尼西亚天然橡胶概况［J］.中国橡胶,2005,21（4）:32-34.

莫业勇,杨琳.2017年国内外天然橡胶产业发展形势［J］.世界热带农业信息,2018（2）:
1-3.

莫业勇.天然橡胶供需形势和风险分析［J］.中国热带农业,2019（2）:4-6,10.

聂晶.我国天然橡胶产业海外投资合作的区域选择及支持措施［J］.对外经贸实务,2019
（1）:82-85.

农业部发展南亚热带作物办公室.全国天然橡胶优势区域布局规划（2008—2015年）［R］.
北京:农业部发展南亚热带作物办公室,2008.

农业部南亚热带作物中心.全国热带、南亚热带地区概况［EB/OL］.http://www.troagri.com.
cn/,2009-06-30.

潘文博.东北地区水稻生产潜力及发展战略研究［D］.沈阳:沈阳农业大学,2009.

裴强孝.越南与泰国对中国天然橡胶出口竞争力比较研究［D］.大连:大连海事大学,
2017.

彭艳,熊惠波.对实施热带作物种质资源保护项目的思考［J］.中国热带农业,2009（3）:
7-8.

齐欢.国内外橡胶产业发展现状和中国加入WTO后橡胶产业发展面临的机遇、挑战及对策
研究［EB/OL］.http://www.transmissionbelt.com/news21211.htm.

施晓佳,梁栋,汝绍锋,等.中国天然橡胶割胶产业的发展与探索［J］.价值工程,2018
（30）:275-277.

苏婷.2010年我国将成为合成橡胶净出口国［N］.中国石化报,2006-12-27.

孙好勤,张慧坚,方佳,等.中国热带农业科技发展现状、问题及对策研究［J］.中国农学
通报,2010,26（14）:339-344.

孙雅健.云南省主要农作物比较优势分析［J］.商品与质量，2011（2）：17-18.

谭汉虎.从安全视角看天然橡胶"走出去"战略［J］.合作经济与科技，2018（8）：90-92.

唐建昆.构建天然橡胶现代产业体系以提升产业竞争力的思考［J］.热带农业工程，2017（1）：67-70.

唐仕华.印度天然橡胶研究简况及发展方向［J］.世界热带农业信息，2009（1）：4-8.

唐正星.天然橡胶园产权制度国际比较［J］.经济体制改革，2009（5）：152-157.

涂学忠译.中国市场青睐马来西业亚［J］.橡胶工业，2006，53：138.

汪秀芬.我国主要粮食作物生产能力区域比较优势分析［J］.内蒙古农业科技，2006（4）：19-21.

王凤菊.我国与世界主要产胶国橡胶产业发展政策探析［J］.中国橡胶，2007，23（21）：8-12.

王富有，孙好勤，张慧坚.中国热带农业科技国际合作发展策略研究［J］.中国农学通报，2010，26（23）：349-353.

王军，林位夫，谢贵水，等.马来西亚小胶园扶持政策考察报告［J］.热带农业科学，2009，29（2）：17-20.

王向社.柬埔寨重视天然橡胶发展［J］.世界热带农业信息，2019（3）：23-24.

王学强.河南小麦生产潜力及发展战略研究［D］.西安：西北农林科技大学，2007.

王学强，贾志宽，李轶冰.河南省主要农作物比较优势分析［J］.西北农林科技大学学报（自然科学版），2007，35（11）：48-52.

王忠田.马来西亚院士谈世界天然橡胶业［J］.中国橡胶，2006，22（18）：26-28.

韦钰.中国天然橡胶产业在非洲的发展前景分析［J］.中国市场，2018（2）：88-89.

新华网海南频道.海南农垦2008年产胶15.5万吨［EB/OL］.http://www.hq.xinhuanet.com/news/，2009-01-03.

邢民，林涛，黄良海，等.我国天然橡胶市场分析与前瞻［J］.中国农垦经济，2002（4）：31-33.

邢民.天然橡胶面临生态环境保护的挑战［J］.世界热带农业信息，2009（10）：1-2.

邢民.高台跳水，雾里看花（2008年天然橡胶市场综述）［EB/OL］.http://www.e-hifarms.com/，2009-01-21.

邢岩.植物品种权入股问题研究［D］.泰安：山东农业大学，2009.

徐扬川.关于天然橡胶产业发展的几点建议［J］.农业科技通讯，2018（11）：23-25.

徐志刚.比较优势与中国农业生产结构调整［D］.南京：南京农业大学, 2001.

许海平, 傅国华.我国天然橡胶安全指标的探讨［J］.中国农垦, 2007（6）: 33-34.

许海平, 傅国华.我国天然橡胶安全状况研究［J］.海南大学学报（人文社会科学版）,
2007, 25（6）: 648-654.

许海平, 傅国华.我国天然橡胶产业发展趋势［J］.中国热带农业, 2007（2）: 15-16.

许海平.天然橡胶生产函数、弹性及供给与需求分析［D］.儋州：华南热带农业大学,
2006.

羊荣伟.赴马来西亚、泰国考察橡胶产业的报告［N］.海南农垦报, 2010-02-27.

杨福云.我国天然橡胶企业跨境并购的实践、启示和建议［J］.中国农垦, 2018（2）:
43-45.

杨连珍译.近一个世纪以来橡胶种植面积的变化［J］.世界热带农业信息, 2006（10）:
13-14.

杨连珍.马来西亚天然橡胶生产分析［J］.世界热带农业信息, 2006（1）: 1-2.

杨连珍.世界天然橡胶业发展现状分析［J］.中国热带农业, 2007（4）: 30-32.

杨连珍.泰国天然橡胶生产及贸易［J］.世界农业, 2007（9）: 29-32.

杨连珍.印度尼西亚天然橡胶业［J］.世界热带农业信息, 2005（12）: 1-2.

杨连珍.印度尼西亚天然橡胶业发展分析［J］.世界热带农业信息, 2007（4）: 1-6.

杨云匀, 马俊.中国与东南亚天然橡胶产业合作研究［J］.世界农业, 2016（12）: 164-
168.

杨贞.河南主要粮食作物比较优势研究［J］.河南农业大学学报, 2003, 37（4）: 407-410.

杨治斌.美国种子产业的成功经验和启示［J］.浙江农业科学, 2006（4）: 358-360.

姚元园.深度分析东南亚橡胶产业发展状况［J］.世界热带农业信息, 2016（11）: 1-10.

于清溪.世界橡胶消耗及生产概观［J］.世界橡胶工业, 2008, 35（10）: 49-51.

余建坤, 高世健, 张文彬, 等.正版 Vague 集理论研究及其应用［M］.北京：科学出版社,
2017.

越南橡胶协会建友好协会［EB/OL］. http://xjsl.ztb.org.cn/news/, 2006-04-21.

云南农垦集团有限责任公司.深耕天然橡胶产业　打造有国际影响力的"大胶商"［J］.中
国农垦, 2018（8）: 18-20.

云南农垦集团有限责任公司.天然橡胶［EB/OL］. http://www.ynnk.com.cn/.2007-01-12.

张东博.云南省天然橡胶"保险＋期货"价格风险管理研究［D］.昆明：云南财经大学,

2019.

张洁.天然橡胶市场服务营销策略研究［D］.青岛：中国海洋大学，2008.

张永霞，程广燕.美国植物种质资源共享管理［J］.中国农业资源与区划，2006，27（4）：
59-62.

张玉凤.海南农垦低产橡胶林改造技术初探［D］.海口：海南大学，2008.

赵翠萍.河南小麦的比较优势及竞争力分析［J］.河南农业大学学报，2006，40（4）：422-
425.

赵芳.中国玉米生产比较优势分析［J］.财经问题研究，2010，321（8）：48-51.

赵秀艳.内蒙古西部地区马铃薯营销战略研究［D］.呼和浩特：内蒙古大学，2005.

郑淑娟，罗金辉.马来西亚近10年橡胶产业情况［J］.中国热带农业，2018（4）：33-37.

郑淑娟.2019年印度天然橡胶政策［J］.世界热带农业信息，2019（7）：7-11.

郑淑娟.印度近10年天然橡胶产业简析［J］.世界热带农业信息，2018（9）：14-17.

郑文荣.我国天然橡胶产业发展机遇与挑战［J］.广东农工商职业技术学院学报，2016
（4）：6-10.

郑晓非，傅国华，郑素芳.马来西亚天然橡胶小业主的政策及战略［J］.中国热带农业，
2009（3）：33-34.

中国产业经济信息网.2010年我国将成为合成橡胶净出口国［EB/OL］.http://www.cinic.org.
cn/，2006-12-29.

中国热带农业科学院橡胶研究所.国家橡胶树育种中心［EB/OL］.http://rri.catas.cn/kypt/
gjxjsyzzx.asp.

中国热带农业科学院橡胶研究所.国家橡胶树种质资源圃［EB/OL］.http://rri.catas.cn/kypt/
gjxjszzzyp.asp.

中国热带农业信息网.农业部办公厅关于印发2007年天然橡胶良种补贴项目实施方案的通
知［EB/OL］.http://www.troagri.com.cn/，2007-03-22.

中国热带农业信息网.热科院橡胶所对全国天然橡胶宜胶地资源展开调研［EB/OL］.http://
www.troagri.com.cn/，2008-11-12.

中国天然橡胶协会.天然橡胶产业发展情况和面临的形势［EB/OL］.http://www.cnraw.org.cn/
ShowArticles.php?id=984，2009-12-29.

中国天然橡胶协会.中国天然橡胶百年简明大事记［EB/OL］.http://www.cnraw.org.cn/，
2008-09-23.

中国天然橡胶协会 . 天胶供应紧张格局将持续到 2018 年［EB/OL］. http://www.cnraw.org.cn/, 2011–08–02.

中国天然橡胶优势区域布局规划［J］. 农业工程技术（农产品加工业），2009（10）：4–7.

中国橡胶 . 影响我国天然橡胶期货价格波动的主要因素分析［J］. 中国橡胶，2004，20（7）：26–27.

中国橡胶工业协会 . 行业动态［EB/OL］. http://www.cria.org.cn/.

中国新闻社海南分社 . 中央财政首次安排 2000 万元补贴天然橡胶良种［EB/OL］. http://www.hi.chinanews.com/, 2006–10–19.

中国驻印尼使馆经商参处 . 天然橡胶产业状况［EB/OL］. http://id.mofcom.gov.cn /, 2007–04–16.

中橡商务网 . 海南橡胶集团：与越南橡胶总公司签订合作协议 . http://www.e–hifarms.com/, 2007–1–17.

中橡商务网 . 西双版纳天然橡胶三月份短期气候预测［EB/OL］. http://www.e–hifarms.com/info/, 2009–03–12.

中橡商务网 . 天然橡胶价格暴跌的思考［EB/OL］. http://www.e–hifarms.com/, 2009–11–21.

中印带动世界天然橡胶产业发展［J］. 橡胶参考资料，2018（5）：27.

朱彩梅 . 作物种质资源价值评估研究［D］. 北京：中国农业科学院，2006.

朱婷 . 海南橡胶集团海外并购战略研究［D］. 海口：海南大学，2019.

邹丽丽 . 世界种业的发展及其趋势［J］. 世界农业，2006（1）：1–3.

Akira S, Kumiko I, Kakada K, et al. Recent Status of Rubberwood Utilization in Cambodia [R]. Siem Reap Cambodia. IRRDB, 2007.

Anang Gunawan, Arief Rachmawan. Rubber Wood Marketing in Indonesia [R]. Sanya: IRRDB, 2010.

Andrew Tinker. Sustainability: Opportunities and Challenges for NR [R]. Sanya: IRRDB, 2010.

Angel. Indonesia's Rubber Industry Structural Adjustment Emphasis [EB/OL]. http://currency-tradingexchangeguide.com/784464/, 2010-04-15.

Association of Natural Rubber Producing Countries (ANRPC). Market Update [R]. Kuala Lumpur: ANRPC, 2008-2019.

Association of Natural Rubber Producing Countries (ANRPC). Monthly Bulletin of Rubber Statistics [R]. Kuala Lumpur: ANRPC, 2007-2019.

Association of Natural Rubber Producing Countries (ANRPC). Natural Rubber Trends & Statistics [R]. Kuala Lumpur: ANRPC, 2009-2019.

Association of Natural Rubber Producing Countries (ANRPC). News [R]. Kuala Lumpur: ANRPC, 2005-2019.

Association of Natural Rubber Producing Countries (ANRPC). Profile of Small Rubber Holdings [R]. Kuala Lumpur: ANRPC, 2006-2019.

Association of Natural Rubber Producing Countries (ANRPC). Quarterly Natural Rubber Statistical Bulletin [R]. Kuala Lumpur: ANRPC, 2007-2019.

Association of Natural Rubber Producing Countries (ANRPC). Quarterly NR Market Review [R]. Kuala Lumpur: ANRPC, 2007-2019.

Association of Natural Rubber Producing Countries (ANRPC). Review of Natural Rubber Market [R]. Kuala Lumpur: ANRPC, 2007-2019.

Association of Natural Rubber Producing Countries (ANRPC). Rubber Industry Update [R]. Kuala Lumpur: ANRPC, 2008-2019.

Association of Natural Rubber Producing Countries (ANRPC). Statistics on Rubber Wood [R]. Kuala Lumpur: ANRPC, 2019.

Beijing Zeefer Consulting Ltd. Research Report on China's Natural Rubber Market 2007 [R]. Beijing: Beijing Zeefer Consulting Ltd, 2007.

Beijing Zeefer Consulting Ltd. Research Report on China's Natural Rubber Market 2008 [R]. Beijing: Beijing Zeefer Consulting Ltd, 2008.

Buncha Somboonsuke. Recent Evolution of Rubber-Based Farming Systems in Southern Thailand [J]. Kasetsart J. (Soc. Sci) 2001(22): 61-74.

Chan Weng Hoong. Growth and Early Yield of RRIM 2000 Series Clones in Trial and Commercial Plantings [R]. Siem Reap Cambodia. IRRDB, 2007.

Chea Marong. Natural Rubber as a Potential Source for Foreign Export Earning [R]. Phnom Penh: Ministry of Agriculture, Forestry & Fisheries, 2006.

Chen Qiubo. Rubber Plantation Development: a Marval to Climate Change and Low Carbon Economy [R]. Sanya: IRRDB, 2010.

Djoko Said Damardjati, Jom Jacob, Lam Soon Jin. Global Supply of Natural Rubber: Emerging Trend and Issue [R]. Sanya: IRRDB, 2010.

Djoko Said Damardjati, Jom Jacob. Trends in Supply of Natural Rubber and the Outlook [R]. Ho Chi Minh City: ANRPC, 2009.

Djoko Said Damardjati. Global Supply of Natural Rubber: Emerging Trends and Issues [R]. Bangkok: ANRPC, 2008.

Eric Penot. Diversification of Perennial Crops to Offset Market Uncertainties: the Case of Traditional Rubber Farming Systems in West-Kalimantan [R]. Montpellier: CIRAD, 2000.

FAO. Production STAT- Area Harvested [EB/OL]. http://faostat.fao.org/site/, 1961-2019.

FAO. Production STAT- Production Quantity [EB/OL]. http://faostat.fao.org/, 1961-2019.

FAO. Production STAT- Yield [EB/OL]. http://faostat.fao.org/site/, 1961-2019.

Goodyear Tire & Rubber Company. The Future of Tire Technology Innovation [R]. Ho Chi Minh City: ANRPC, 2009.

Hidde P Smit. Developments in the Economy and the Automobile Industry and the Outlook for the Rubber Industry [R]. Ho Chi Minh City: ANRPC, 2009 .

Hidde P Smit. Outlook for the global rubber industry [R]. Bangkok: ANRPC, 2008.

Hla Myint. The Role of Myanmar Rubber Planters and Producers Association (MRPPA) in Natural Rubber Development and its Recent Activities [R]. Siem Reap Cambodia. IRRDB, 2007.

International Rubber Consortium Limited. Company Profile [EB/OL]. http://www.irco.biz/profile.php.

International Rubber Consortium Limited. IRCo's January Rubber Exports Stay within Quota [EB/OL]. http://www.irco.biz/News_detial.php?id=1288, 2009-3-6.

International Rubber Consortium Limited. Malaysia Government to Assist Smallholders Replant Rubber, Oil Palm [EB/OL]. http://www.irco.biz/, 2009-2-3.

International Rubber Study Group (IRSG). Rubber Industry Report [R]. Singapore: IRSG, 2008-2010.

International Rubber Study Group (IRSG). Rubber Industry Report [R]. London: IRSG, 2005-2008.

International Rubber Study Group (IRSG). Rubber Statistical Bulletin [R]. London: IRSG, 2005-2008.

International Rubber Study Group (IRSG). Rubber Statistical Bulletin [R]. Singapore: IRSG, 2008-2019.

IRRDB. Germplasm Collection [EB/OL]. http://www.irrdb.com/irrdb/.

Jacob J, Joseph T . Climate Change and Natural Rubber [R]. Bangkok: ANRPC, 2008.

James Jacob, Satheesh P R . On Low Carbon Economy and Payment for Ecosystem Services Provided by NR Plantations [R]. Sanya: IRRDB, 2010.

Julius Yeoh. Rubber Industry in Papua New Guinea: present Status, Opportunities, Challenges and Strategies [R]. Ho Chi Minh City: ANRPC, 2009.

Keith Jubah. Natural Rubber Industry of Liberia [R]. Siem Reap Cambodia. Rubber Planters Association of Liberia, 2007.

Khin A A, Mamma Z, Nasir S. Comparative Forecasting Models Accuracy of Short-term Natural Rubber Prices [J]. Trends in Agricultural Economics, 2011, 4(1): 1-17.

Khin A A, Eddie Chiew F C, Shamsudin M N , et al. Natural Rubber Price Forecasting in the World Market [R]: Kuala Lumpur, University Putra Malaysia, 2008.

Kowalski E L, Robert R , Tomioka J, et al. Natural Rubber Electrical Conduction Mechanism Under High and Low Electrical field [C]//IEEE. 2005 12th International Symposium on Electrets . New York: IEEE, 2005, 333 – 335.

Lai Van Lam, Tran Thanh, Vu Thi Quynh Chi et al. Genetic Diversity of Hevea IRRDB'81 Collection Assessed by RAPD Markers [R]. Siem Reap Cambodia. IRRDB, 2007.

Latif Dalib A B. Malaysian Rbber Bard (mrb) Tansfer of Tchnology Through Establishment of Local Smallholders Cooperative [R]. Sanya: IRRDB, 2010.

Liu H W, Wang F Y . Transformations and Similarity Measures of Vague Sets [J].Computer Engineering and Applications, 2004, 40(32): 79-81, 84.

Liu R J, Mo Y Y , Yang L . Dynamic Relationship of Natural Rubber International and Chinese Prices in Producing and selling Regions [R]. Sanya: IRRDB, 2010.

Mo Y Y. Some profile of China Rubber Industry [R]. Ho Chi Minh City: ANRPC, 2009.

Muhamad Thalhah Ab Karim. Sustainability of Rubber Industry in Malaysia: Economic and Social Perspective [R]. Sanya: IRRDB, 2010.

Muhammad Supriadi. Efforts to Strengthen NR Industry Development: Indonesian Experience [R]. Sanya: IRRDB, 2010.

Phalla L Y. Rubber Industry in Cambodia: Present Status, Opportunities, Challenges and Strategies [R]. Ho Chi Minh City: ANRPC, 2009.

Pranee Pathanasriskul, Sutat Suravanit. Rubber Learning Centers Oriented by Farmers' Participation in the North and North-East of Thailand [R]. Siem Reap Cambodia. IRRDB, 2007.

Quah Swee Kheng. Factors Governing NR Prices [R]. Bangkok: ANRPC, 2008.

Rakesh Neelakandan. Four Factors that may Weaken Natural Rubber Prospects [EB/OL]. http://www.commodityonline.com/, 2011-06-03.

Richard Meier. Terrain Vague [M]. Wave Books, 2004.

Mattos C R, Le Guen V, et al. Is the Production of Natural Rubber from Hevea Really Threatened [R]. Montpellier: CIRAD, 2010.

Rocha Antônio J, Soares Emanoella L, Costa Jose H, et al. Differential Expression of Cysteine Peptidase Genes in the inner Integument and Endosperm of Developing Seeds of *Jatropha curcas* L. (Euphorbiaceae) [J]. Plant science : an International journal of Experimental Plant Biology, 2013, 8(9): 7-30.

Romulo Cena, Nicomedes P. Eleazar. A report on Current Activities on Rubber Research and Development in the Philippines [R]. Sanya: IRRDB, 2010.

Sajen Peter. Rubber Industry in India: Status & Recent & Developments [R]. Ho Chi Minh City: ANRPC, 2009.

Sandra D. Development and Trend in the Nationl Rubber Market [R]. Bangkok: ANRPC, 2008.

Santan Anglani. Rubber Industry in Indonesia: : Present Status, Opportunities, Challenges and Strategies [R]. Ho Chi Minh City: ANRPC, 2009.

Sayamol Kaiyoorawong, Bandita Yangdee. Rights of Rubber Farmers in Thailand Under Free Trade [R]. Bangkok: Project for Ecological Awareness Building, 2005.

Sayamol Kaiyoorawong, Bandita Yangdee. Rights of Rubber Farmers in Thailand Under Free Trade [R]. Bangkok: Rubber Research Institute of Thailand, 2007.

Somchai Charnnarongkul. Rubber Industry in Thailand: Present status, Opportunities, and Challenges [R]. Ho Chi Minh City: ANRPC, 2009.

Supriadi M, Joshi L , Wibawa G . Technology Adoption in Indonesian Rubber Smallholding Sector [R]. Siem Reap Cambodia. IRRDB, 2007.

Syeed Saifulazry Osman Al-Edrus. Evaluations of the Properties of 4-Year Old Rubberwood Clones rrim 2000 Series for Particleboard Manufacture [D]. Kuala Lumpur: University Putra Malaysia, 2007.

Tao Z L. Effect of Climate Change on Rubber Cultivation in China [R]. Sanya: IRRDB, 2010.

Too Edwin Freeman. Liberia's Natural Rubber Industry [R]. A Second Look. Atlanta, Georgia: The Perspective, 2011.

Tran Thi Thuy Hoa. Rubber Industry in Vietnam: Present Status, Opportunities, Challenges and Strategies [R]. Ho Chi Minh City: ANRPC, 2009.

Upali Dissanayake P L. Rubber Industry in Sri Lanka: Present Status, Opportunities, Challenges and Strategies [R]. Ho Chi Minh City: ANRPC, 2009.

Viet Nam Rubber Association. China to Import More Vietnamese Natural Rubber in 2008 [EB/OL]. http://www.vra.com.vn/web/, 2008-01-23.

Vijayakumar K R. Modifications/Additions for the International Tapping Notation [R]. Siem Reap Cambodia, IRRDB, 2007.

Wang H X. Apply Vague Optimized Decision-Making Method for Comprehensive Evaluation of New Wheat Varieties [J].Computer Engineering and Applications, 2011, 47(12): 210-212.

Wang H X. Definition and Transforming Formulas from the Single Valued Data to the Vague Valued data [J].Computer Engineering and Applications, 2010, 46(24): 42-44.

Warunee Boonnam Pisamai Chantuma, Darunee Kosaisaiwee Picheat Prommoon. Hevea in new area of Thailand: Success and Growth [R]. Sanya: IRRDB, 2010.

Zephyr Frank, Aldo Musacchio. The International Natural Rubber Market, 1870-1930 [EB/OL]. https://eh.net/, 2010-02-01.